콘크리트 실무매뉴얼 KCI PM205.2-20

굳지 않은 콘크리트의 레올로지 특성 및 적용

고성능콘크리트위원회

사단법인 한국콘크리트학회
Korea Concrete Institute

발간사

1922년 슬럼프 실험은 ASTM의 표준시험으로 등재된 후 현재까지 100여 년 동안 콘크리트 작업성과 시공성을 평가하는 방법으로 사용되고 있다. 대부분의 시방서에서 콘크리트의 품질기준으로 슬럼프값을 규정하고 있을 뿐만 아니라 누구나 언제 어디서든 실험할 수 있는 편리함 때문에 굳지 않은 콘크리트하면 떠오르는 가장 대표적인 것이 슬럼프 실험일 것이다. 그러나 콘크리트 분야를 전공하면서 의문이 들었던 점은, 콘크리트 구조물의 설계는 안전성, 사용성, 내구성에 대해 이론과 해석에 입각한 정량적 예측을 기반으로 하고, 또한 구조물이 시공된 후에는 첨단 IT 및 센싱기술을 도입한 실시간 모니터링이 가능한 수준이지만 아직까지 시공 분야는 작업성이 '좋다' 또는 '나쁘다'만을 평가할 수 있는 거의 100년 전의 정성적 실험과 현장 실무자의 경험에 의존하고 있는 수준이라는 것이다.

건설을 설계, 시공, 유지관리 분야로 구분했을 때 유독 공학적으로 낙후된 분야는 콘크리트 시공일 것이다. 구조물의 거동을 정확히 예측하기 위해 많은 연구자가 재료의 역학적 특성을 파악하고 모델을 개발해 이를 적용하여 구조물의 비선형 수치해석을 수행하는 등의 많은 노력을 기울이고 있으나 설계 시 목표로 한 구조물의 성능을 확보하는 실질적 과정인 시공에는 많은 관심을 갖지 않은 것이 사실이다. 구조물의 성능을 확보하는 것은 설계뿐만 아니라 시공에 의해서도 좌우된다. 따라서 시공 자체도 안전성, 사용성, 내구성과 같은 하나의 성능으로 인식되어야 할 것이다.

콘크리트 품질 저하로 인한 타설 지연, 거푸집 붕괴, 초고층 및 장거리 펌핑에서의 배관 막힘이나 펌핑 속도 저하, 블리딩 및 재료분리로 인한 균열이나 철근 부착성능 저하, 섬유보강 콘크리트에서 섬유의 비균질 분산 및 방향성 제어이상(異常)과 같은 문제가 발생하는 경우 공사 지연, 구조물의 성능 저하, 시공 후 보수·보강, 유지관리

비용 상승 등의 여러 문제를 야기한다. 이러한 이유에서 시공성능에 대한 정량적 예측기술 개발이 최근 국내·외에서 활발히 이루어지고 있다. 우리가 구조물을 설계할 때 재료의 강도와 탄성계수를 기본으로 하듯이 시공성능을 예측할 때는 점성과 항복응력으로 대표되는 레올로지 측정값을 기본으로 한다. 이를 토대로 다양한 시공성을 평가 및 예측할 수 있다. 아직까지 레올로지에 대한 연구는 초기 수준이다. 앞으로 더욱 큰 발전과 변화가 예상된다. 이번 실무지침이 국내 레올로지 연구와 실무 적용에 초석이 되길 바란다.

2020년 10월

사단법인 한국콘크리트학회

콘크리트실무지침편찬특별위원회 위원장 배 수 호

학회 회장(16대) 이 재 훈

머리말

1960년대부터 유럽을 중심으로 콘크리트 레올로지(Rheology)에 대한 연구가 시작되었으나 많은 연구자로부터 주목받으면서 본격적인 연구가 시작된 것은 고유동 콘크리트가 개발되고 실무에 적용되기 시작한 1990년대 초반부터이다.

다양한 유동특성을 갖는 새로운 콘크리트들이 개발되면서 슬럼프와 같은 정성적 실험과 실무자의 경험만으로는 콘크리트의 품질과 시공성능을 정확히 평가하기 어렵고, 보다 정량적이고 과학적인 접근법이 개발되어야 한다는 필요성이 크게 대두되었다. 이러한 기술적 요구에 따라 콘크리트 레올로지를 측정할 수 있는 장비 개발이 이루어졌으며, 유동을 시뮬레이션할 수 있는 해석프로그램과 컴퓨터가 크게 발전하면서 레올로지뿐만 아니라 시공의 각 과정을 해석적으로 예측할 수 있는 토대가 마련되었다. 콘크리트 레올로지와 관련한 국제학술대회에 지속적으로 참가하면서 매년 발표논문 수의 증가와 기술 발전이 눈에 띄게 빠르다는 것을 실감할 수 있었다.

최근 새로운 고성능 화학혼화제 개발과 나노입자(nano particle)를 비롯한 광물계 혼화재료의 광범위한 사용을 통해 콘크리트의 레올로지를 시공조건에 따라 자유롭게 제어할 수 있는 기술, 레올로지 측정값을 사용하여 콘크리트 펌핑, 타설 과정과 같은 시공의 각 과정을 해석적으로 예측하는 기술들이 개발되고 있다. 콘크리트 레올로지와 시공성능 예측은 콘크리트공학 내에서 새로운 분야에 속한다. 간단하게 구조물 또는 부재의 거동 해석에 있어 탄성계수, 푸아송비, 강도 등 굳은 콘크리트의 역학적 특성이 필요하듯이 시공성능에 대한 예측을 위해 기본적으로 필요한 것이 굳지 않은 콘크리트의 특성인 레올로지라고 할 수 있다. 이 실무지침에서는 시공성능 예측에 바탕이 되는 콘크리트 레올로지와 레올로지 측정값이 어떻게 활용될 수 있는지에 대해 중점적으로 다루고자 한다. 이 글을 통해 레올로지에 대한 이해와 관심이 높아지길 기대해 본다.

2020. 10

고성능콘크리트위원회(KCI-205) 집필책임자 이 건 철

| 집필위원 |

집필책임자	이건철(한국교통대학교)
집 필 위 원	권승희(명지대학교), 김재홍(KAIST), 이방연(전남대학교), 한동엽(경상대학교) 장경필(한국건설기술연구원), 박찬규(삼성물산)

| 검토위원 |

검 토 위 원	한천구(청주대학교), 배수호(안동대학교)

| 발간물심의위원회 |

위 원 장	이정윤(성균관대학교)
위 원	김병일(서울과학기술대학교), 김한수(건국대학교), 문도영(경성대학교), 박찬규(삼성물산), 류두열(한양대학교), 이기학(세종대학교), 이주하(수원대학교), 조재열(서울대학교)

기획 | 실무지침편찬특별위원회 |

위 원 장	배수호(안동대학교)
부 위 원 장	홍건호(호서대학교)
간 사	이기학(세종대학교)
위 원	강현구(서울대학교), 권승희(명지대학교), 김강수(서울시립대학교) 김대호(㈜한국구조물안전기술사사무소), 김상식(인하대학교), 김상철(한서대학교) 김순환((주)창민우컨설턴트), 김승훈(한밭대학교), 김영진(한국콘크리트학회) 김지상(서경대학교), 김태훈(삼성물산(주) 건설부문), 문도영(경성대학교) 신현목(성균관대학교), 연규석(강원대학교), 이건철(한국교통대학교) 이도형(배재대학교), 이재훈(㈜도화구조), 이창홍(㈜포스코건설), 정 란(단국대학교) 정영수(중앙대학교), 정하선(전우구조기술사사무소), 조창근(조선대학교) 최병한(한국농어촌공사 농어촌연구원), 한천구(청주대학교)

차 례

04장 콘크리트 레올로지를 활용한 시공성능 예측 기술

05장 레올로지 기반 콘크리트 펌핑 설계 방법

제 1 장

서 론

콘크리트는 건설재료로 사용된 이래 '흐르는 돌(liquid stone)'이라 불려왔다. 인공 석재로 변하기 전 콘크리트는 짧은 시간에 유동성을 가지는 액체와 같기 때문이다. 이러한 콘크리트의 성질(유동성) 때문에 슬래브, 보, 기둥 같은 다양한 구조 요소를 형성할 수 있다. 다른 건설재료인 천연 석재, 나무와 같이 깎거나 강철을 고온에서 성형하는 반면, 콘크리트는 성형을 위한 별다른 과정 없이 거푸집에 타설하여 원하는 모양으로 자유롭게 형상화할 수 있다.

하지만 'liquid'는 굳지 않은 콘크리트의 복잡한 거동을 설명하기에 매우 단순한 단어이다. 물이나 기름처럼 일반적인 액체와 달리 콘크리트는 다양한 크기(수 나노미터에서 수 센티미터)와 유형(유기물 또는 무기물)의 재료들이 섞여 있는 현탁액(suspension)이다. 이러한 콘크리트 구성 요소들은 굳지 않은 콘크리트의 거동에 각각 다른 영향을 미친다. 또한 구성 재료, 배합비, 온도, 믹싱 방법 등 굳지 않은 콘크리트의 거동에 영향을 미치는 인자들은 매우 다양하며, 이 영향인자들은 현장에서의 타설부터 공정에까지 이어진다.

현재 여러 산업 분야의 다양한 시멘트계 재료가 콘크리트 제조에 사용되고 있다. 광물성 혼화재료(mineral admixture)는 굳지 않은 콘크리트, 굳은 콘크리트의 유동성 및 역학적 특성에 기여하는 역할이 각각 다르다. 따라서 많은 건설현장에서 요구되는 콘크리트의 성능에 맞게 적절히 사용되고 있다. 화학 혼화제(chemical admixture)도 마찬가지로 종류와 사용량에 따라 콘크리트의 거동에 미치는 영향이 다르다.

일반적인 뉴턴 유체(Newtonian fluid)와 달리 콘크리트는 거푸집에 타설될 때 그 표면은 자체로 수평을 이루지 못한다. 슬럼프 값을 갖는 일반적인 콘크리트는 중력에 의해 발생되는 어느 정도 수준의 응력에 버틸 수 있고, 마요네즈, 케첩, 페인트와 비슷하게 외부에서 일정수준 이상의 힘을 받지 않으면 유동하지 않는다. 복잡하게 배근된 철근도 콘크리트의 유동을 방해하는 요소이다. 이로 인해 콘크리트를 타설할 때 거푸집을 제대로 채우기 위해 진동다짐과 평탄화작업이 요구된다. 최근에는 자기충전 콘크리트와 같이 유동성이 매우 좋아 자체적으로 흐를 수 있는 콘크리트가 개발되어 활용도가 높다.

고성능 콘크리트(자기충전 콘크리트, 섬유보강 콘크리트 등)와 같은 새로운 재료의 개발에 비해 재료의 거동에 대한 이해 발전 속도는 상당히 더딘 편이다. 콘크리트는 20세기 초반부터 광범위하게 사용되어 왔지만 레올로지(물질의 흐름에 대한 연구)에 대한 과학적 분석과 연구는 1960년대부터 최근 50년 동안에만 이루어져 왔다.

콘크리트의 레올로지 연구에 대한 핵심 목표는 무엇인가? 이 질문에 대한 학계의 대답은 '굳지 않은 콘크리트의 레올로지를 올바르게 측정하고 정량화할 수 있는 능력' 또는 '굳지 않은 콘크리트의 구성 성분 비율과 레올로지 특성과의 상관관계에 대한 이해'이다.

이러한 목표가 달성되어야 콘크리트가 거푸집을 정확히 채울 수 있을 것인지 아닌지, 그리고 펌핑성능은 어떤지와 같은 시공성능 예측에 대한 답을 찾을 수 있다.

고성능콘크리트위원회의 본 실무지침은 연구자, 콘크리트 전공 학생, 건설 실무자를 대상으로 콘크리트의 레올로지 특성에 대한 이해를 증진시키고, 설계 및 시공 과정에서 콘크리트의 레올로지를 고려하는 방법을 소개할 목적으로 편찬되었다.

본 지침은 총 다섯 개의 장으로 구성된다. 1장은 서론, 2장은 일반적인 뉴턴 유체(Newtonian fluid) 및 비뉴턴 유체(Non-newtonian fluid)의 거동을 설명하는 레올로지 모델에 대해 다루며, 3장에서는 굳지 않은 콘크리트의 레올로지 측정 장비별 적용방안에 대해 정리하였다. 4장은 콘크리트의 레올로지 평가에 대한 내용과 레올로지를 활용한 시공성능 예측 기술(펌핑성능, 측압, 블리딩, 섬유분산 및 방향성 예측)에 대해 다루었으며, 마지막으로 5장에서는 콘크리트의 레올로지를 기반으로 한 펌핑 설계 방법에 대해 소개한다.

제2장 레올로지 모델

2.1 개 요

콘크리트에 대한 많은 연구자들은 경화된 콘크리트의 강도, 내구성 등 구조적 거동에 초점을 맞춰 연구를 진행해 왔으며, 굳지 않은 콘크리트의 경우 대개 작업성 면에서의 연구만 이루어져 왔다. 그러나 굳지 않은 콘크리트의 일반적인 작업성 측정만으로는 콘크리트의 시공성능을 정확히 예측하기 어렵다. 이에 따라 최근 콘크리트의 유동특성을 정량적으로 평가하고, 이를 시공성능 예측에 활용하려는 노력이 이루어지고 있다.

굳지 않은 콘크리트의 유동특성을 정량적으로 평가하기 위해서는 우선 유체의 거동에 대한 전반적인 이해를 토대로 재료에 적합한 모델을 선정하는 과정이 필요하다. 이 장에서는 일반적인 유체의 거동에 대한 기본 지식을 습득하고, 이를 토대로 현재 주로 사용되고 있는 레올로지 모델(Power law, Bingham plastic, Herschel-Bulkley 모델)을 서술하고자 한다.

2.2 유체의 거동

2.2.1 Newtonian 유체

Newtonian 유체의 거동을 설명하기 위해 간단한 예시를 들고자 한다. 그림 2.1과 같이 넓은 두 평행평판 사이에 어떤 유체가 있고, 바닥 평판은 단단히 고정되어 있으며, 위 평판은 자유롭게 움직일 수 있다. 만약 이 평판들이 강성이 매우 높은 고체이고 그림에서와 같이 힘 F가 가해진다면 위 평판은 속도 U를 유지하며 움직일 것이다. 또한 유체와 고체 간의 점착조건(no-slip condition)에 의해 위 평판과 접한 유체는 평판의 속도와 같은 U로 운동하고, 고정된 바닥과 접한 유체는 정지상태를 유지한다. 따라서 두 평판 사이에 있는 유체는 그림 2.1과 같이 $u = Uy/d$라는 선형적 속도분포를 갖게 되며, 일정한 속도구배(velocity gradient) du/dy가 발생하게 된다.

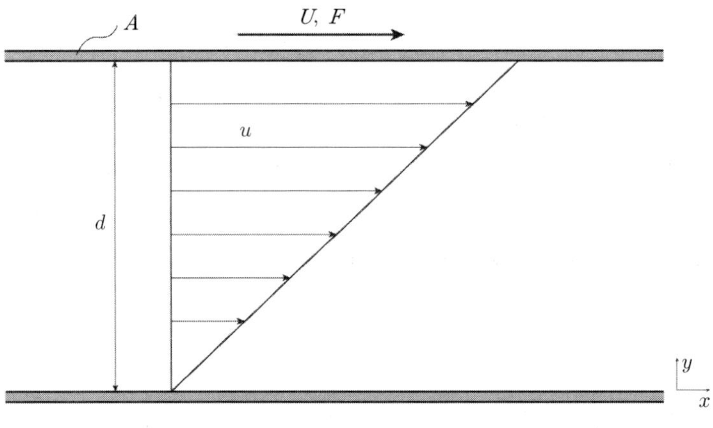

그림 2.1 평판 사이에서 유체 거동

여기서 속도구배 du/dy를 전단변형률(shear rate 또는 rate of shearing strain)이라고 하며, 식 (2.2.1)과 같이 $\dot{\gamma}$로 표현할 수 있다.

$$\dot{\gamma} = \frac{U}{d} = \frac{du}{dy} \tag{2.2.1}$$

이 실험에서 힘 F를 증가시키면 전단응력(shear stress, $\tau = F/A$)이 증가되고, 이에 따라 전단변형률도 비례적으로 증가하게 된다. 즉 전단응력과 전단변형률 사이의 관계는 식 (2.2.2)와 같다.

$$\tau \propto \dot{\gamma} \tag{2.2.2}$$

이 결과로 인해 전단응력과 전단변형률 사이의 관계를 식 (2.2.3)의 형태로 나타낼 수 있다.

$$\tau = \mu \dot{\gamma} \tag{2.2.3}$$

여기서, μ : 절대점성(absolute viscosity), 역학적 점성(dynamic viscosity) 또는 점성(viscosity)

점성의 SI 단위는 Pascal-second(Pa · s)이다. cgs계에서 널리 쓰였던 점도의 단위는 Poise인데 Pa · s보다 10배 작은 단위이다. 예를 들어 20.2℃ 물의 점도는 1mPa · s (milli-Pascal second)로 1cP(centi-poise)이다.

식 (2.2.3)의 τ와 $\dot{\gamma}$의 관계를 그래프로 나타내면 그림 2.2와 같이 점성을 기울기로 하는 선형적인 관계가 된다. 이와 같이 전단응력과 전단변형률 사이에 선형적인 관계를 가지는 유체를 'Newtonian 유체'라고 한다. 온도 차이에 따라 물에 대한 기울기가 다르게 나타나는 것으로 보아 점성이 온도의 영향을 크게 받음을 알 수 있다[1].

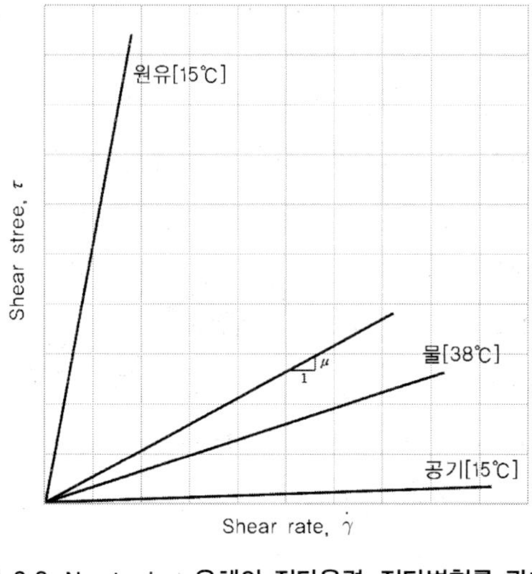

그림 2.2 Newtonian 유체의 전단응력-전단변형률 관계

2.2.2 Non-newtonian 유체

전단변형률과 무관하게 일정한 점성을 갖는 Newtonian 유체에 비해 단변형률에 따라 내부구조가 변하여 점성이 전단변형률의 함수로 표시되는 유체를 Non-newtonian 유체라고 한다. Non-newtonian 유체에는 여러 형태가 존재하지만, 그중 가장 단순하고 대표적인 것들을 그림 2.3에 나타내었다.

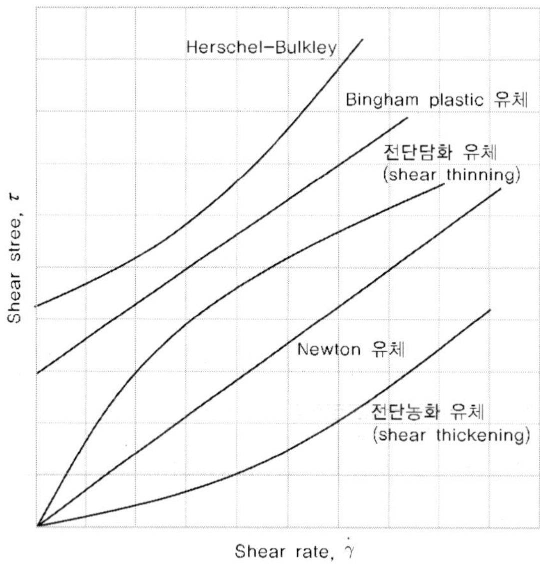

그림 2.3 Non-newtonian 유체의 전단응력-전단변형률 관계

전단담화(shear thinning) 유체는 전단변형률이 증가함에 따라 전단응력의 증가율이 점차 감소한다. 즉 전단변형률이 증가함에 따라 점성이 감소한다. 여러 가지 현탁액과 고분자용액이 여기에 해당된다. 예를 들어 라텍스페인트를 붓에 묻혀 들고 있을 때는 전단변형률이 작아 점성이 크기 때문에 붓에서 페인트 방울이 잘 떨어지지 않는다. 그러나 벽에 페인트를 칠할 때에는 벽과 붓 사이의 얇은 페인트층의 전단변형률이 커져서 점성이 작아지기 때문에 페인트를 부드럽게 흐르듯 칠할 수 있다[2].

전단농화(shear thickening) 유체는 전단변형률이 증가함에 따라 점성이 증가한다. 이러한 유형의 유체로는 물과 녹말가루의 혼합물이나 물과 모래의 혼합물(유사)이 있다[2]. 따라서 유사를 삽으로 뜨고자 할 때 빠른 속도로 들어 올리면 더욱 큰 힘이 필요하다.

또 다른 형태로는 항복응력(yield stress, τ_0) 이상의 전단응력이 부과되어야 유동이 일어나는 Bingham plastic 유체 등이 있다.

2.2.3 틱소트로피(thixotropy)

유체의 점성은 앞서 설명한 것과 같이 전단변형률의 함수로 나타낼 수도 있으나 콘크리트와 같은 고분자용액의 경우 일정한 전단변형률 하에서 시간이 지남에 따라 점성이 다르게 나타나는 특성을 보일 수 있다. 틱소트로피란 그림 2.4에서 보듯이 유체가 정치되어 있는 상태에서 전단력이 작용하면, 점성이 점차 감소하여 시간이 지나면 일정한 점성을 갖게 되며, 유동시키는 것을 중지하면 다시 점성을 회복하게 되는 현상을 말한다. 이러한 현상은 굳지 않은 콘크리트 시공에 있어 중요한 요소로 작용한다. 파이프를 사용한 콘크리트 펌핑을 예로 들어보자. 콘크리트의 펌핑 성능은 콘크리트의 점성에 따라 크게 달라지며, 점성이 높을수록 콘크리트 펌핑 성능은 낮아진다. 콘크리트 펌핑이 지속적으로 이루어지는 상황에서는 문제 없지만 만약 콘크리트 펌핑이 잠시 중단된 후 다시 시도하게 된다면 콘크리트의 높아진 점성으로 인해 정상상태에 이르기까지 많은 에너지를 소모할 것이며, 최악의 경우에는 펌핑이 불가능할 수도 있다. 따라서 굳지 않은 콘크리트의 시공성능을 예측하고 검증하는 과정에서 틱소트로피는 반드시 고려해야 할 중요한 현상이다.

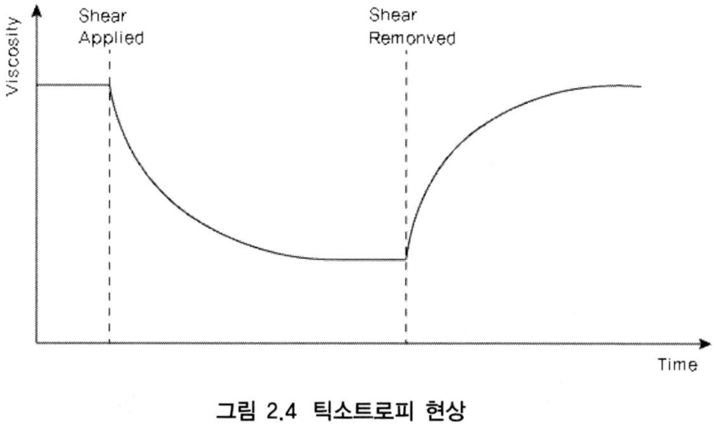

그림 2.4 틱소트로피 현상

2.3 Non-newtonian 유체의 레올로지 모델

2.3.1 Power law 모델, 1925

Ostwald de Waele에 의해 제안된 Power law 모델은 2개의 매개변수를 갖는 가장 일반화된 유체 모델로, 유체의 전단담화(shear thinning) 또는 전단농화(shear thickening) 거동을 정확히 표현할 수 있기 때문에 많이 사용되고 있으며, 식 (2.3.1)과 같은 형태로 표현된다.

$$\tau = m\dot{\gamma}^{n} \tag{2.3.1}$$

여기서, m : consistency index

n : power law index

일반적인 전단응력과 전단변형률 관계로부터 m과 n을 구하기는 쉽지 않으나, 그림 2.5와 같이 전단응력과 전단변형률을 로그화하여 그래프로 나타내면 점성과 전단변형률 사이의 선형관계를 나타내므로 전단변형률이 1일 때의 전단응력과 기울기로부터 m과 n값을 쉽게 얻을 수 있다.

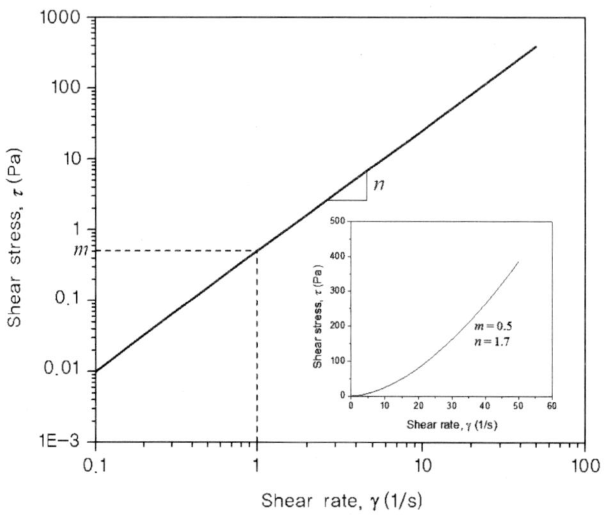

그림 2.5 Power law 모델의 지수값 도출 방법

또한 유체가 전단담화 거동을 보이면 멱수법칙 지수 n의 값이 1보다 작고, 전단농화 거동을 보이면 n의 값이 1보다 큰 값을 나타낸다. 만약 n의 값이 1이면 Newtonian 유체가 된다.

Power law 모델은 전단변형률이 0에 접근하면 무한대의 점성을 가지므로 관 중심부에서와 같이 전단변형률이 매우 작은 유동영역에서는 잘못된 해석 결과를 초래할 수 있다. 따라서 고분자유체의 유동을 해석하는 수치모사 연구에서는 이러한 문제점을 극복하기 위한 방안의 하나로 다음의 식 (2.3.2)와 같이 분리된 Power law 모델을 사용하고 있다[3].

$$\mu = \mu_0 \left| \dot{\gamma} / \dot{\gamma}_0 \right|^{n-1} \text{ for } \dot{\gamma} \geq \dot{\gamma}_0 \qquad (2.3.2)$$

$$\mu = \mu_0 \text{ for } \dot{\gamma} \leq \dot{\gamma}_0$$

여기서, μ_0 : 전단변형률이 $\dot{\gamma}_0$일 때의 점성

Power law 모델은 단순하기 때문에 실제적인 문제 해결에 널리 이용되고 있지만 일반적으로 항복응력을 갖는 굳지 않은 콘크리트의 유동특성을 설명하는 데는 어려움이 있다. 그러나 유동성이 매우 높은 자기충전 콘크리트(Self-Compacting Concrete, SCC)는 항복응력이 0에 가깝게 매우 낮으며, 단위결합재량이 많은 경우에는 전단농화(Shear thickening) 유체와 같은 거동을 보일 수 있기 때문에 경우에 따라서는 Power law 모델을 적용할 수 있을 것으로 판단된다.

2.3.2 Bingham plastic 모델, 1922

Eugene Cook Bingham에 의해 개발된 Bingham plastic 모델은 식 (2.3.3)에 나타낸 것과 같이 두 개의 매개변수 τ_0와 μ를 갖고 있으며, 항복응력(yield stress, τ_0) 이하의 전단응력에서는 고체와 같은 거동을 보이다가 항복응력 이상의 응력을 받으면 일정한 점성(viscosity, μ)을 가지며 흐름 거동을 하는 물질을 설명할 수 있다[4]. 콘크리트, 마요네즈, 슬러리와 같은 물질이 이와 같은 거동을 보인다. 예를 들어 굳지 않은 일반적인 콘크리트는 더미로 쌓을 수 있지만(전단응력이 항복응력보다 작은 경우), 작은 압력만 가해도 유체와 같은 거동을 보인다.

$$\tau = \tau_0 + \mu\dot{\gamma} \ \text{ for } \tau \geq \tau_0 \tag{2.3.3}$$

$$\dot{\gamma} = 0 \ \text{ for } \tau \leq \tau_0$$

식 (2.3.3)을 전단응력과 전단변형률 관계에 대한 그래프로 나타내면 다음의 그림 2.6과 같다. Newtonian 유체와 다르게 원점을 지나지 않는 선형의 거동을 보이며, 절편은 항복응력, 기울기는 점성을 나타낸다.

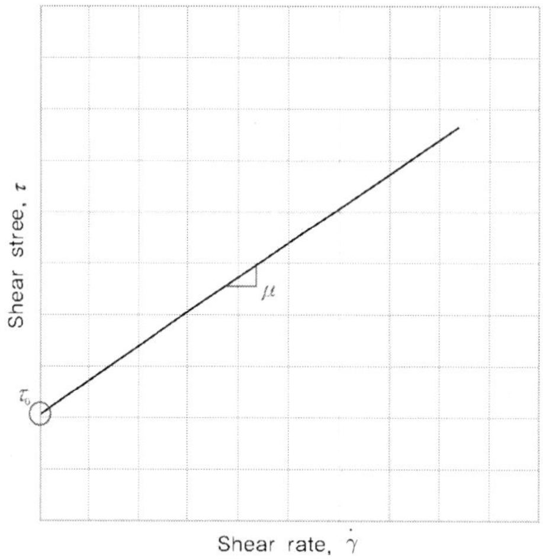

그림 2.6 Bingham plastic 유체의 전단응력-전단변형률 관계

Power law 모델과 마찬가지로 Bingham plastic 모델은 전단변형률이 0인 경우 점성이 무한대가 되므로 이를 해석에 적용하기 위해서는 특정 전단변형률을 기준으로 분리하여 사용할 필요가 있다. 이 내용은 다음 절에서 Herschel-Bulkley 모델식과 함께 다루도록 한다.

2.3.3 Herschel-Bulkley 모델, 1926

Herschel-Bulkley 모델은 Bingham plastic 모델과 같이 일정한 항복응력 이하에서 고체와 같은 거동을 보이지만, 그 이상의 응력이 가해지면 흐름거동을 나타내는 유체를 설명하기에 적합하다. 특히 Power law 모델과 같이 전단담화 또는 전단농화 현상을 설명할 수 있다는 장점이 있다.

Herschel-Bulkley 모델은 식 (2.3.4)와 같이 세 개의 매개변수를 사용하여 나타낸다[5].

$$\tau = \tau_0 + k\dot{\gamma}^{n_H} \tag{2.3.4}$$

여기서, τ_0 : 항복응력

k : consistency index

n_H : flow behavior index

만약 유체가 전단담화 거동을 보이면 n_H값이 1보다 작고, 전단농화 거동을 보이면 n_H값이 1보다 크다. n_H값이 1이면 Bingham plastic 모델과 동일하며, $\tau_0 = 0$이고 n_H 값이 1이 아닌 경우 Power law 모델과 동일하며, $\tau_0 = 0$이고 n_H 값이 1인 경우에는 Newtonian 유체를 설명할 수 있다.

앞서 설명한 Bingham plastic 모델과 마찬가지로 Herschel-Bulkley 모델 또한 전단변형률이 0에 가까운 경우 점성이 무한대로 증가하기 때문에 해석에 사용하기 위해서는 그림 2.7과 같이 특정한 전단변형률 값을 기준으로 분리하여 사용할 필요가 있다.

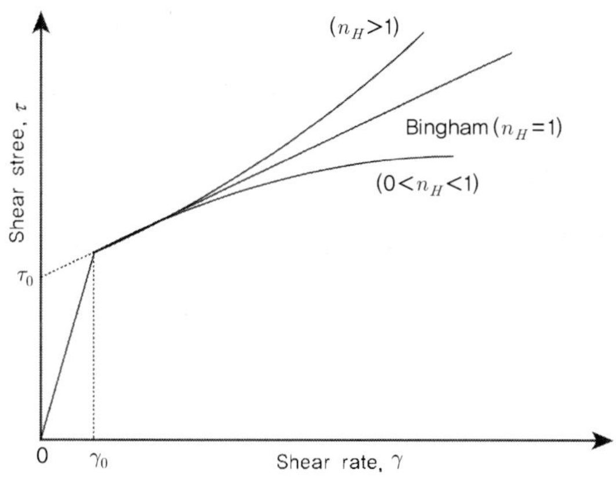

그림 2.7 Herschel-Bulkley 모델의 분리 식

따라서 Herschel-Bulkley 모델을 사용하여 해석하는 수치모사 연구에서는 다음의 식 (2.3.5)와 같이 분리된 모델을 사용할 수 있다. $\dot{\gamma}_0$를 매우 작게 설정한다면 $\dot{\gamma}_0$에서의 전단응력값을 항복응력으로 간주할 수 있다.

$$\tau = \tau_0 + \mu \dot{\gamma}_H^n \text{ for } \dot{\gamma} \geq \dot{\gamma}_0 \tag{2.3.5}$$

$$\tau = \mu_0 \dot{\gamma} \text{ for } \dot{\gamma} \leq \dot{\gamma}_0$$

여기서, μ_0 : $\dot{\gamma}_0$ 이하에서의 점성

Herschel-Bulkley 모델은 Power law 모델에서 표현할 수 있는 유체의 전단담화, 전단농화 거동뿐만 아니라 Bingham plastic 모델에서 표현할 수 있는 유체의 항복응력을 동시에 고려하는 복합적인 모델이다. 만약 굳지 않은 콘크리트의 항복응력을 무시할 수 없고, 전단농화 또는 전단담화 유체의 거동을 보인다면 Herschel-Bulkley 모델을 사용하여 유동특성을 평가할 수 있다.

제3장 굳지 않은 콘크리트의 레올로지 측정 장비별 적용 방안

3.1 개 요

콘크리트의 워커빌리티(workability)는 시공현장에서 콘크리트를 활용하여 업무를 쉽게 진행할 수 있는 정도를 나타내는 척도이다. 흔히, 워커빌리티를 유동성(fluidity)과 혼돈하거나 동일한 개념으로 사용하는 경우가 있는데, 이는 바르지 못한 개념의 사용이다. 콘크리트는 액상에서 작업을 진행하는 재료임과 동시에 여러 가지 재료가 섞여 있는 재료이다. 그러므로 단순히 잘 흐르는 것이 관건이 아니라 함께 일체성을 가지고 흘러야 한다. 즉 콘크리트의 워커빌리티는 유동성과 함께 재료분리 저항성(consistency), 펌프압송성(pumpability), 마감성(finishability) 등 굳지 않은 콘크리트가 가져야 할 대부분의 성능이 양호하고, 특히 콘크리트의 시공환경 및 적용목적에 적합한 정도의 성능을 가져야 한다.

이러한 측면에서 콘크리트의 워커빌리티 측정은 기존의 슬럼프나 슬럼프 플로 시험으로 부족한 면이 있다. 따라서 레올로지 개념을 도입하여 콘크리트의 레올로지적 성능 및 거동을 측정해야 한다[6]. 굳지 않은 콘크리트의 레올로지를 측정하는 개념은 기존 재료들의 성능을 분석하기 위한 응력-변형률 곡선을 도출하는 것과 개념적으로 매우 유사하다. 즉 외부에서 변형을 주기 위한 힘을 가했을 때 굳지 않은 콘크리트가 저항하는 정도를 측정하는 개념이다. 다만, 재료의 형태가 액상이므로 변형(deformation)이 변형률(flowing rate)의 개념으로 변형되고, 변형률을 최대한 동일하게 하기 위해 측정단면(gap)에 제한이 있게 된다. 이러한 형태의 레올로지를 측정하기 위한 장치를 '레오미터' 혹은 '점도계'라고 지칭한다.[1)]

굳지 않은 콘크리트는 다양한 크기와 밀도의 재료들이 현탁액(suspension) 속에 섞여 있는 재료이다. 특히, 시멘트 페이스트에서 모르타르, 모르타르에서 콘크리트로 이어지는 과정에서 잔골재와 굵은골재는 단연 입자 크기가 큰 재료들이며 이러한 입자 크기 변화는 굳지 않은 콘크리트의 레올로지 측정에서 가장 큰 도전이다[7, 8]. 또한, 시멘트의 수화반응은 시간에 따라 시멘트 페이스트의 미세구조를 변화시키기 때문에 레올로지 측정에서 시간에 제약을 주기도 한다. 결국 굳지 않은 콘크리트의 레올로지 측정은 미세구조 형성에 대한 대처와 함께 입자 구성에 따른 장비 형태를 동시에 고려해야 하는 상황이다[9-11]. 이에 많은 연구를 통해 변화하는 미세구조에 대응하고 이를 측정하기 위한 방법들을 제시하였으며[12-14], 콘크리트와 같이 큰 입자를 포함한 현탁액의 레올로지를 측정하는 장비를 고안해냈다[6, 15]. 또한, 굳지 않은 콘크리트가 공사현장에서 사용되는 재료인 만큼 현장성을 부여하기 위해 레오미터의 소형화, 휴대화를 추구한다.

본 장에서는 굳지 않은 콘크리트의 레올로지를 측정하기 위한 실질적 내용을 서술하고자 한다. 3.2절에서는 레오미터에 대한 개략적인 정의와 3.3절에서 레올로지 측정에 사용될 수 있는 기본적인 시험방법을 소개하고, 3.4절에서는 다양한 레오미터에 대한 개략적인 소개를 하고자 한다.

3.2 회전형 점도계(레오미터)

회전형 점도계는 유체의 레올로지적 성질 및 거동을 측정하기 위해 실험실 환경에서 사용하는 가장 대표적인 형태의 장비이다. 이 장비는 대상 시료에 대하여 연속적

1) 엄밀한 의미에서 레오미터와 점도계는 다른 장비이다. 레오미터가 점도계와 다른 특징은 진동에 의한 측정(small angle oscillatory shear, SAOS)이 가능하다는 것이다.

인 전단력을 작용시키도록 설계되어 있으며, 이러한 전단력은 특정 토크나 속도로 조절된다. 이때 발생하는 회전속도와 저항값을 측정하고, 이를 이용해 대상 시료의 레올로지 성질 및 거동을 측정한다. 이러한 시험에서 얻어진 회전속도는 각속도로 표현할 수 있으며 저항값은 토크값으로 표현된다. 각속도와 저항값은 대표적인 유동 기본식인 Reiner-Riwlin식에 의해 전단율(shear rate)과 전단응력(shear stress)으로 변환할 수 있으며 전단율과 전단응력 관계에서 대상 시료의 레올로지적 거동을 판단하고 레올로지 정수를 얻을 수 있다. 이렇게 전단율과 전단응력 관계를 나타낸 그래프를 유동곡선(flow curve)이라 한다. 이 유동곡선은 유체의 여러 가지 거동을 나타낼 수 있는데, 곡선의 기울기(전단응력/전단율)는 대상 시료의 점성(viscosity, η[2])을 나타내며, 전단응력축의 절편값은 항복치(yield stress, τ_y[3])를 나타낸다. 또한, 유동곡선의 형태에 따라 크게 나누어 점성이 일정한 경우와 변화하는 경우, 항복치를 갖지 않는 경우와 갖는 경우로 나눌 수 있다[그림 2.3 참고].

3.3 레올로지 측정 시험

유체의 레올로지를 측정하는 방법에는 크게 세 가지가 있는데, 가장 보편적인 전단율과 전단응력과의 관계 곡선(flow curve)을 구하는 방법, 전단응력을 서서히 증가시켜(stress growth) 유체의 항복치를 구하는 방법, 그리고 유체의 점탄성 성질을 이용한 계수를 얻는 방법이 있다.

3.3.1 유동곡선 시험(Flow curve test)

유동곡선 시험은 레올로지 시험방법 중 가장 기본으로 전단율과 전단응력과의 관계를 곡선으로 나타내고, 그 관계에서 점성과 항복치를 얻어내는 방법이다. 이 시험방

---

2) 특별히 빙햄 점성(Bingham viscosity)의 경우에 소성점성(Plastic viscosity)이라 부르고, μ로 표현하기도 한다.

3) 경우에 따라 τ_0로 표현하기도 한다.

법은 일반적인 물체에 대한 변형도-응력 관계 곡선과 그 개념이 매우 유사하다. 유동곡선 시험은 점진적으로 변화하는 전단율에 대해 반응하는 전단응력을 측정하는 방법으로 시험이 진행된다[그림 3.1]. 이때 점진적으로 변화하는 전단율은 증가하거나 감소할 수도 있다. 증가 후 다시 감소하는 형태로도 진행될 수 있는데, 이러한 경우에는 이력 곡선(hysteresis loop)을 얻을 수 있다. 이때 두 개 곡선 사이의 면적인 대상 시료의 틱소트로피(thixotropy)를 의미한다.[4] 또한 점진적으로 변화하는 전단율은 연속적으로 변화할 수도 있지만, 계단방식으로 변화할 수도 있다[그림 3.2]. 이 경우 각 전단율 단계에서 특정 전단율을 일정 시간 동안 가해주는 것이다. 틱소트로피적인 시료는 매 전단응력값에서 특정 정도의 전단응력값으로 수렴하게 되는데, 이를 평형상태(equilibrium)라 한다. 이 상태를 획득한 후 다음 단계의 전단율값으로 진행하여 시험을 실시하면 상승과 하강곡선이 일치하게 된다.

미세구조적 관점에서 유동곡선은 특정 전단율에서 미세구조의 저항력을 측정하는 시험이다. 시멘트 재료와 같은 틱소트로픽(thixotropic)한 성질이 있고, 시간에 따라 미세구조가 변화하는 시료에 대해서는 특별히 초기상태 조정이 필요하다. 즉 시험과정 중 레올로지 측정 직전까지 유체의 미세구조 변형에 대해 모든 시험체에 통일성을 유지하는 과정이다. 초기상태 조정은 특정 변형률로 일정시간 동안 전단력(pre-shearing)을 가하게 된다. 이러한 과정을 통해 미세구조상의 응집을 파괴하는 것이다. 이때 변형률을 가하는 시간은 전단응력이 평형상태(equilibrium)가 되는 시간이며, 이 평형상태는 미세구조적으로 응집(flocculation)된 입자들이 모두 분산된 상태[5]를 의미한다. 초기상태 조정을 위한 전단력을 가한 후에는 일정 시간 휴식(Rest)을 취하여 틱소트로피한 유체시스템으로 하여금 미세구조를 재형성(rebuilding)하도록 해야 한다. 이러한 과정은 모든 시료에서 동일하게 실시해야 한다. 그러므로 초기 조정을 위한 전단력의 정도는 시료 중 응집력이 가장 강한 시료를 충분히 분산시킬 수 있는 정도의 전단력이어야 한다.

---

4) 점진적으로 상승하는 곡선과 하강하는 곡선이 일치하지 않는 유체의 경우는 틱소트로피를 가지고 있기 때문이다.

5) 모든 응집이 분산될 수는 없다. 단, 가역적인 응집(reversible flocculation)이 분산된 상태를 의미한다.

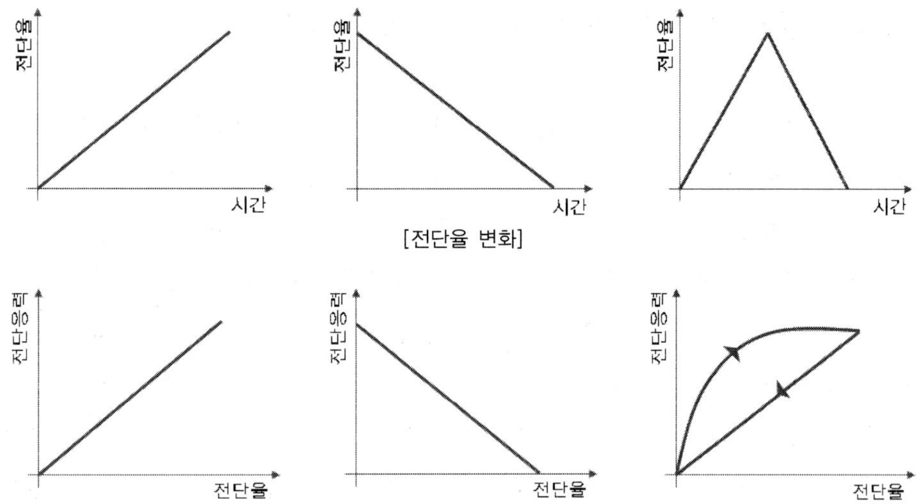

[유동곡선 예상]

(a) 점진적 전단율 상승 (b) 점진적 전단율 하강 (c) 전단율 상승 후 하강

그림 3.1 전단율 변화에 따른 전단응력변화 관계(유동곡선 획득방법 예)

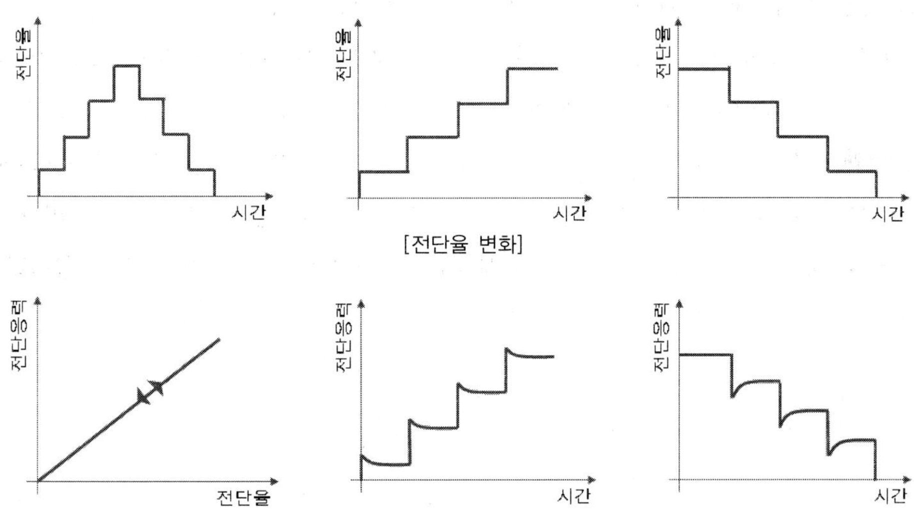

[전단응력 변화 예상]

(a) 전체 (b) 상승 (c) 하강

그림 3.2 계단식 전단율 변화방법에 따른 유동이력곡선

3.3.2 점진적 응력 증가 시험(stress growth test)

점진적 응력 증가 시험은 유체의 항복치를 측정하는 방법이다. 유동곡선을 통한 방법에서도 항복치를 구할 수 있지만, 점진적 응력 증가 시험을 통한 항복치는 보다 직접적인 측정 방법이다. 항복치 측정 방법에 따른 구분으로 유동곡선을 통한 방법에서 측정된 항복치는 유체가 움직이는 과정에서 항복치를 구하기 때문에 유동항복치(dynamic yield stress)라 하고, 점진적 응력 증가 시험을 통해 얻은 항복치는 정지된 상태에서 항복치를 측정하기 때문에 정지항복치(static yield stress)라고도 한다.

점진적 응력 증가 시험은 매우 낮은 전단율을 지속적으로 가하면서 유체에 가해지는 전단응력을 관찰하는 방법이다. 지속적으로 가해지는 전단율은 유체에 가해지는 전단응력을 서서히 증가시키면서 어느 순간 최고점을 기록하게 되고, 이후에 전단응력은 감소하게 된다. 미세구조적으로 이러한 과정은 유체의 미세구조 시스템이 초기에 서로 응집되어 있다가 점차 증가하는 응력에 대해 저항하고, 응력이 특정 응력 정도(critical shear stress)를 넘어서면 입자 간의 응집이 파괴되면서 비로소 유체 시스템이 흐르기 시작하는 것을 의미한다.

시험을 실시하기 전, 유동곡선 측정과 마찬가지로 초기 상태 조정이 필요하다. 이를 통해 여러 대상 시료에 대한 동일 조건상에서의 항복치를 측정하여 비교할 수 있다. 다만, 대상 시료의 현재 항복값을 측정하기 위해 초기 상태 조정과정을 생략할 수 있다. 초기 상태 조정이 완료된 후에는 매우 낮은 전단율을 적용한다. 이러한 결과는 그림 3.3과 같은 전단응력값을 얻게 되고, 전단응력 최고점에서 정지 항복값을 얻게 된다.

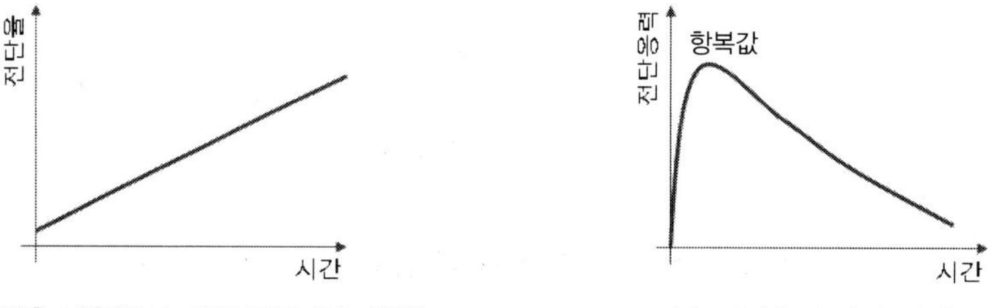

(a) 전단율 적용(초기 상태 조정과정 생략) (b) 전단응력 변화 예상

그림 3.3 점진적 응력 증가 시험의 전단응력 변화

3.3.3 미소진동 시험(small angle oscillatory shear test : SAOS)

미소진동 시험은 점탄성 재료에 대해 미세구조에 변화를 주지 않는 매우 작은 범위의 변형률을 진동 형태(사인파 형태)로 주어서 레올로지 정수인 storage modulus와 loss modulus를 측정하고, 점탄성 정도를 측정하는 방법이다. 물체에 가해지는 변형률은 사인파 형태로 가해지고, 이러한 변형률은 다음과 같이 표현할 수 있다.

$$\gamma = \gamma_0 \sin(\omega t) \tag{3.3.1}$$

여기서, γ는 변형률, γ_0는 미소변형률폭 상수, ω는 파각, 그리고 t는 시간이다.

여기에 가해지는 변형률과 주기는 매우 작은 미소값이 가해지며 이러한 진동 형태의 변형률이 가해질 때 물체에 작용하는 응력을 관측하면 다음의 그림 3.4와 같은 관계를 나타낸다. 그림에서 보는 바와 같이 가해진 변형률에 대해 전단응력은 물체의 특성에 따라 다르게 나타나는데, 완전탄성체의 경우 가해진 변형률의 주기와 일치하지만 점성체의 경우는 가해진 변형률의 주기와 90° 차이를 보인다. 그러므로 점탄성 물질의 경우 진동주기가 0°에서 90° 사이의 값을 갖게 된다. SAOS 실험의 함수들로는 G'(storage modulus)와 G''(loss modulus)가 있는데, 이는 각각 탄성체나 점성체와 같은 성질을 나타내는 값으로 다음과 같이 표현된다.

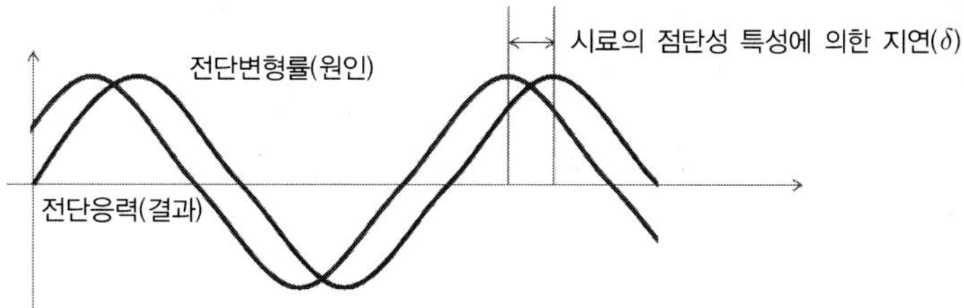

(a) 전단변형률과 반응응력

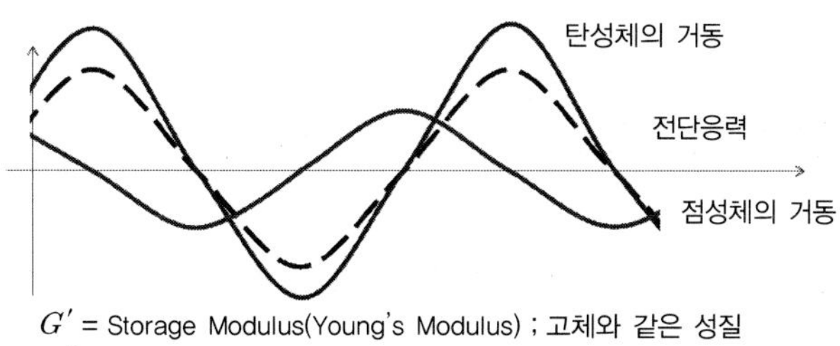

G' = Storage Modulus(Young's Modulus) ; 고체와 같은 성질
G'' = Loss Modulus(Viscosity) ; 액체와 같은 성질

(b) 반응응력과 탄성체 및 유체의 응력

그림 3.4 SAOS 시험과 함수들

$$G'(\omega) = \frac{\tau_0}{\gamma_0}\cos\delta \qquad (3.3.2)$$

$$G''(\omega) = \frac{\tau_0}{\gamma_0}\sin\delta \qquad (3.3.3)$$

여기서, τ_0는 전단응력의 최대 진폭이며, δ는 지연 각도로써 물체의 점탄성 특성에 따라 변하며, 그 폭은 0°에서 90° 사이이다.

미소진동 시험(SAOS)은 시험체의 미세구조에 영향을 주지 않은 매우 미소한 정도의 진동범위에서 실시되는 시험이다. 그러므로 시험을 위해서는 물체의 미세구조에 영향을 주지 않는 선형점탄성 구간(linear viscoelastic range : LVER)을 결정해야 한다. 선형점탄성 구간을 측정하는 방법은 시험대상 물체에 대해 변형률과 주기를 매우 낮은 범위에서부터 점진적으로 증진시키면서 G'와 G''가 급격히 감소하는 값을 결정 변형률(critical strain)과 결정 주기(critical frequency)라 하고, 이 두 값 이내의 범위를 선형점탄성 구간으로 정의한다[그림 3.5].

그림 3.5 선형점탄성 구간(LVER) 판정 시험

3.4 레올로지 측정 장비

3.4.1 시멘트 페이스트 측정용 레오미터

시멘트 페이스트를 측정하기 위한 레오미터로써 회전형 레오미터가 가장 대표적인 형태이며 특별히 시멘트 페이스트를 측정하기 위한 레오미터가 존재한다기 보다는 기존의 상용 레오미터를 이용할 수 있다. 레오미터의 기본 원리는 대상 유체에 대하여 정해진 전단변형률(shear rate)을 가했을 때 유체에 의해 얻어지는 전단응력(shear stress)을 측정하는 것이다. 이를 기계적인 측면에서 살펴보면 레오미터의 블레이드를 돌리는 모터의 속도(각속도)와 이때 모터에 가해지는 토크와의 관계로 볼 수 있다. 그러므로 레오미터는 유체에 대하여 균일한 전단력을 가할 수 있어야 하며[그림 3.6 참조], 이러한 이유로 대상 유체의 폭(간격 : gap)은 매우 작아야 한다. 그림에서는 레오미터의 형태별 간격을 나타낸다. 그러므로 시멘트 계열 재료에서 잔골재 혹은 굵은골재를 포함하는 모르타르나 콘크리트의 경우에는 골재의 크기에 대하여 간격을 크게 하여야 하며, 이로 인해 일정한 전단력을 대상 유체에 가하는 것이 불가능하다. 결국 모르타르나 콘크리트와 같이 구성 입자의 크기가 큰 경우는 별도의 레오미터를 사용하여야 하며, 이에 대해서는 이후의 장에서 서술한다.

레오미터는 대상 유체에 대하여 동일 방향의 전단변형률을 가할 뿐 아니라 사인파 형태의 좌우로 움직이는 진동형태의 변형을 가할 수 있다. 즉 미소진동 시험(small angle oscillatory shear test : SAOS)을 진행할 수 있는데, 이는 점도계와 레오미터를 결정짓는 차이점이다.

시멘트 페이스트의 레올로지적 성질을 측정하기 위한 레오미터의 형태는 여러 가지가 있을 수 있으나 대표적으로 평행판형(parallel plates), 판상콘형(cone and plate), 그리고 동축실린더형(coaxial cylinder)이 있다[그림 3.7]. 이 중 평행판형과 판상콘형은 하부판에 대해 상부에 동일한 판이나 콘을 이용하여 전단변형률을 가하는 형태로써 점도가 매우 낮은 유체에 대해서는 사용할 수 없다. 이러한 경우에 사용되는 형태가 동축실린더 형태이다. 동축실린더 형태는 외부 용기와 내부 실린더 형태의 물체를 이용하여 전단변형률을 가하는 장치이다. 이러한 형태에 대해 내부 실린더 형태의 물체를 대신하여 베인(vane) 형태의 물체를 이용하여 전단변형률을 가할 수도 있다. 그러나 베인 형태는 유체의 레올로지 거동을 측정하는 과정에서 미끄러짐 현상을 막을 수는 있지만 형태의 복잡성으로 인해 정확한 전단변형률 값을 구할 수 없다는 단점이 있다.

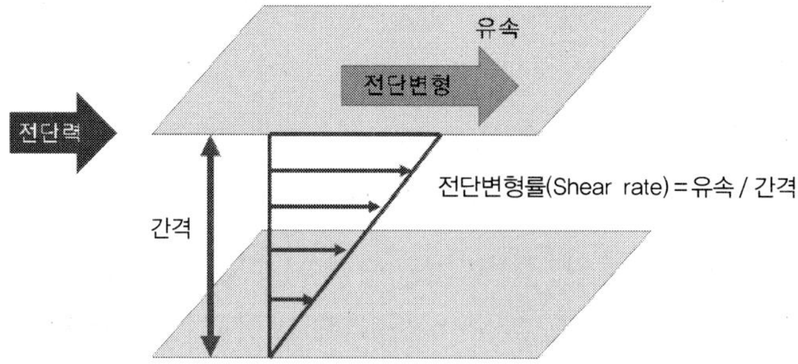

(a) 전단변형률의 정의

(b) 레오미터의 전단력 범위(동축실리더 형태의 경우)

그림 3.6 전단변형률의 정의와 전단력 범위

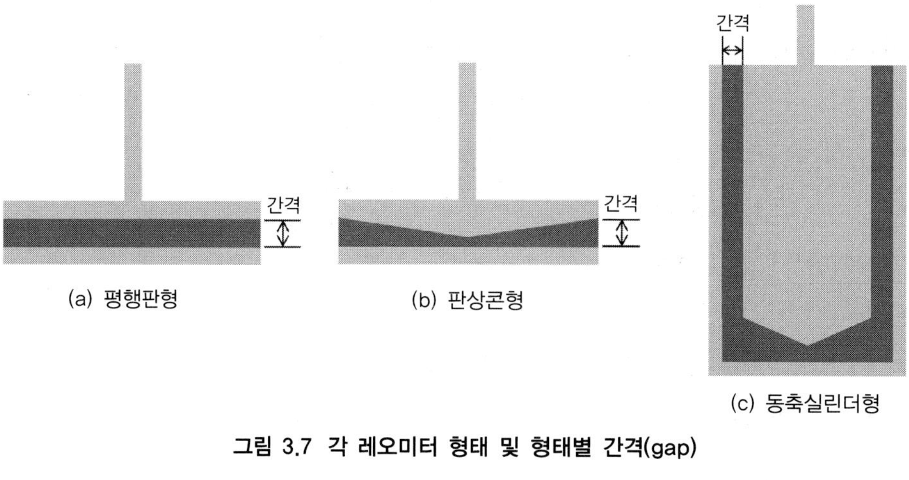

(c) 동축실린더형

그림 3.7 각 레오미터 형태 및 형태별 간격(gap)

3.4.2 콘크리트용 점도계(레오미터)[6]

(1) Tattersall의 이점식 장비(Tattersall's two-point workability device)

Tattersall의 이점 유동성 측정기는 빙햄모델을 적용하여 콘크리트의 레올로지를 측정하고자 한 가장 최초의 시도 중 하나로 볼 수 있다. 이 장비는 믹서와 유사한 형태의 날개바퀴를 갖는 장치이다. 이 장비는 최초 Tattersal에 의해 제안되었고, 계속적으로 Tattersall과 다른 연구자들에 의해 보완·개선되었으며 현재까지도 연구자들에 의해 사용되고 있다.

이 장비는 1970년대 셰필드대학(Sheffield University)의 Tattersall(G.H. Tattersall)에 의해 제안되었다. Tattersall은 동축실린더 형태의 레오미터는 콘크리트에 적용할 경우 콘크리트와 실린더 사이에 전단력이 전달되지 않는 면이 발생하여 콘크리트의 레올로지를 측정하기에 부적합하다고 판단하였다. 그러므로 동축실린더 형태를 대신하여 콘크리트 내에 있는 날개바퀴를 돌리기 위해 필요한 토크를 측정하고자 하였다. 이 장비의 시작은 음식을 조리할 때 사용하는 용품(제빵 믹서)에서 시작하였다. 제빵 믹서를 활용하여 최초에는 반죽용 훅과 전력을 측정할 수 있는 장치를 이용하여 토크를 측정하였다. 이러한 초기의 장비를 MK I으로 명명하였다. 이러한 훅의 형태는 MK I을 기점으로 동축실린더 형태의 레오미터에 대응하여 콘크리트용 레올로지 측정장치로 활용되었다.

초기의 제빵 믹서를 확장하여 보다 정밀한 장치가 개발되었다. MK II라 명명된 이 장치가 보편적으로 Tattersall의 이점식 장치로 알려진 장치이다. 이 장치는 자체 프레임에 고정된 대용량의 비빔 용기를 포함하고 있다. 이 장치는 유압 모터를 이용하여 콘크리트 속에 묻힌 혼합날개를 작동시키도록 되어 있다. 이러한 혼합날개는 측정대상 콘크리트의 유동성 정도에 따라 두 종류를 선택할 수 있다. 슬럼프가 75~100mm보다 큰 경우에 사용되는 소위 MH 시스템은 중심 기둥에 엇갈려 부착된 네 개의 굽은 날을 가지고 있다. 이러한 형태의 혼합날개는 콘크리트를 들어 올리는 기능을 한다. 이와 대체하여 LH 시스템은 50mm보다 낮은 슬럼프의 콘크리트에 대응하도록 준비되었다. 이 시스템은 H형태의 날로 구성되어 있으며, 이 날은 자전 및

---

6) 본 장의 레오미터와 관련된 내용들은 E. Koehler, and D. Fowler의 "Development of a portable rheometer for fresh portland cement concrete (ICAR 105-3F)"의 보고서를 요약·정리한 것임.

공전 형태[7])로 움직인다. 이러한 H형태의 날을 장비하고 자전 및 공전 형태로 회전하는 장비를 종종 MK III로 부르기도 한다. 낮은 슬럼프 콘크리트 측정과 더불어 LH 시스템은 자기충전 콘크리트(SCC)와 점성이 높은 고성능 콘크리트의 레올로지 특성을 측정하기에 유리하다. 이는 이들 재료의 높은 점성이 MH 시스템의 비빔효율을 저하시키기 때문이다. MH 및 LH 시스템에 사용되는 혼합날개 형태는 그림 3.8과 같다.

이 장치의 초기 버전은 비빔날개 속도를 수동으로 조정하였고, 토크 측정은 유압모터의 압력게이지를 읽는 방식으로 측정하였다. 이후 버전은 기계적 장치를 사용하여 속도와 압력을 계속 측정하고 기록하게 되었다. 추가 진동 상태에서의 콘크리트 레올로지를 측정하기 위해 장비에 바이브레이터를 추가하는 방식의 개선도 이루어졌었다.

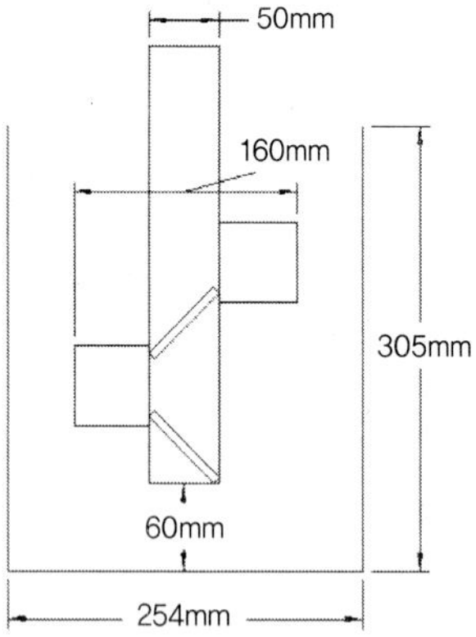

(a) MH 시스템(Helical Impeller)

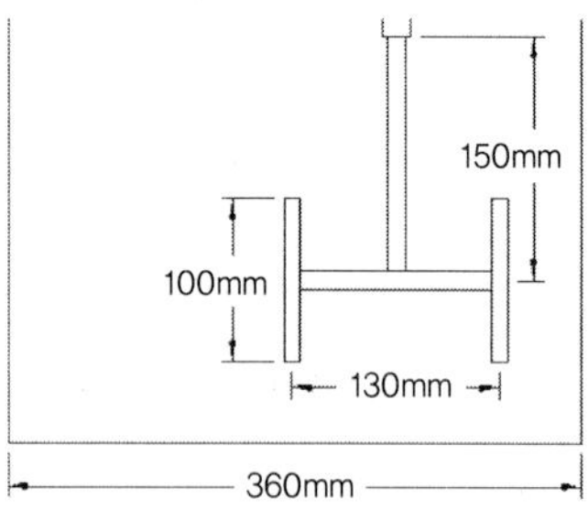

(b) LH 시스템(Offset H-Impeller)

그림 3.8 Tattersall의 이점식 장비의 혼합날개

이 장비에서 얻은 값은 다음의 식에서 보는 바와 같이 항복값과 소성점도와 연관된 'g'값과 'h'값이다. 이 장비는 실험 전에 항복값과 소성점도의 단위를 조정하기 위한 최초보정이 이루어져야 하며, 이러한 보정은 이미 점성을 알고 있는 뉴턴유체와 플로곡선을 알고 있는 Power law 유체를 이용한다.

7) 중심축의 회전과 별도의 날의 회전(KS L 5109 규격의 믹서와 동일한 형태의 회전거동)

$$T = g + hN \tag{3.4.1}$$

여기서, T는 회전력(torque), N는 회전속도이다.

비록 이 장비는 연구실이나 현장 모두에서 사용할 수 있으나 실제로는 모든 조건이 잘 통제된 연구실 환경에서 사용되어 왔다.

• 장점

- 소성점도와 항복값을 모두 측정할 수 있다.
- 다른 레오미터와 비교하기 위한 연구에서 빈번히 사용되어 왔다.
- 두 개의 서로 다른 형태의 비빔날개를 선택함으로써 매우 넓은 범위의 콘크리트 배합(된비빔 콘크리트에서 자기충전 콘크리트까지)에 대해 사용할 수 있다.
- 이 장비는 진동상태에서 콘크리트 레올로지를 측정할 수 있다.

• 단점

- 현재 사용되는 장비는 다른 장비와 비교하여 크기가 크다.
- 사용하기 전 반드시 보정작업이 이루어져야 한다.
- 실제로 현장에서 재료분리가 없는 재료임에도 불구하고 본 장비로 장시간 측정하는 경우 재료분리가 발생할 수 있다.

그림 3.9 Tattersall의 이점식 장비

(2) BML Viscometer

BML 점도계는 Power와 Wiler의 Plastometer와 Tattersall의 이점식 장비를 기초로 하는 동축실린더 방식 점도계이다. BML 점도계는 1987년에 노르웨이에서 개발되었다.

기존의 동축실린더형 점도계와 같이 BML 점도계는 외부 실린더가 회전하며 내부 실린더는 토크를 측정한다. 두 실린더 모두 수직방향의 내부 살이 있어 슬립(slip)을 방지한다. 내부와 외부 실린더는 콘크리트 골재의 크기에 따라 교체할 수 있다. 특정 각속도에서 콘크리트에 적용되는 변형률은 외부 실린더 하부에는 일정하지 않다. 그러므로 더욱 정확한 토크값을 얻기 위해 내부 실린더에 대해 3부분으로 나누어 중간 부분만의 토크를 계산한다. 즉 내부 실린더의 윗부분 및 아랫 부분의 콘크리트에 복잡한 3차원의 전단력이 가해지는 반면, 내부 실린더 중간 부분의 콘크리트에는 2차원 전단력이 가해진다. 이 장비는 다양한 속도로 운용할 수 있다. 두 개의 실린더는 기계장비를 잡는 훨씬 큰 유닛에 고정된다. 컴퓨터 소프트웨어 패키지는 출력데이터를 유동저항값(flow resistance)인 G, 그리고 상대점도(relative viscosity)인 H값으로 변환하는데, 이 값들은 각각 항복응력과 소성점도와 연관되어 있다.

BML 점도계는 슬럼프가 120mm보다 큰 콘크리트에서부터 자기충전 콘크리트로 사용할 수 있는 유동성이 좋은 콘크리트에 대해 사용하도록 제작되었다. 하지만 슬럼프 50~60mm의 낮은 슬럼프 콘크리트에 대해서도 성공적으로 사용해 왔다. 이러한 낮은 슬럼프 콘크리트는 내부 실린더를 Tattersall의 이점식 장비에 사용되는 것과 유사한 날이 있는 회전날개로 교체하여 사용할 수 있다. 본 장비는 반드시 외부 저울 혹은 보정용 오일을 활용하여 보정해야 한다.

BML 점도계는 1992년부터 ConTec viscometer란 상품명으로 구매 가능했으며 1992년부터 2001년 2월까지 약 30개의 장비가 판매되었다.

• 장점

– 이 장비는 항복값과 소성점도를 측정할 수 있다.

– 이 장비는 측정과정이 자동화되어 있다.

– 기본적으로 넓은 유동성 범위의 콘크리트에 대해 측정이 가능하지만, 매우 높은 유동성 및 매우 낮은 유동성 콘크리트에 대해서는 측정의 정확도가 떨어진다.

• 단점

– BTRHEOM과 다르게 연구실 밖에서 사용하기에는 장비가 너무 크다.

– 장비가 매우 복잡하고 고가이다.

– 내부 및 외부 실린더 사이 전단구간 내의 콘크리트는 팽창하는 경향이 있고, 이러한 경향은 측정된 토크값이 낮아지는 경향이 있다.

– 사용하기 전 반드시 보정작업이 이루어져야 한다.

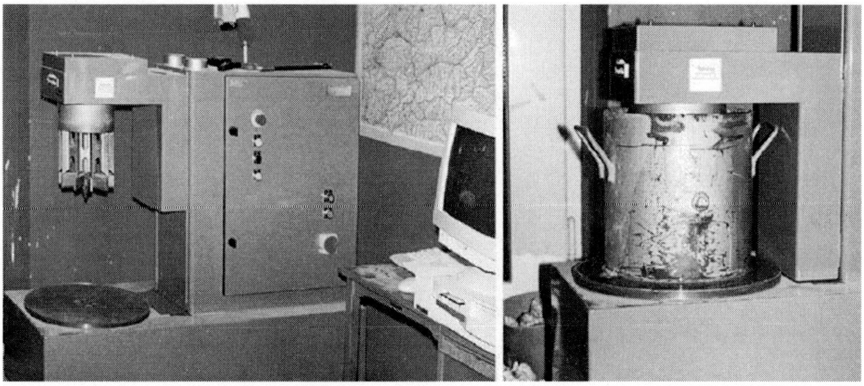

그림 3.10 BML Viscometer

(3) IBB Rheometer

IBB 레오미터는 Tattersall의 이점식 장치를 보완한 장비이다. 비록 IBB 레오미터의 원래 목적은 물과 비벼진 숏크리트의 레올로지를 측정하기 위한 것이지만, 슬럼프 20mm에서부터 자기충전 콘크리트까지 매우 넓은 범위의 유동성을 갖는 콘크리트에 대해서도 사용되어 왔다.

이 장비는 고정된 실린더 형태의 용기 속에 삽입하는 회전날개가 포함되어 있다. 콘크리트에 대해 시험할 때에는 360mm×250mm의 고정 용기를 사용한다. 모르타르의 경우는 보다 작은 용기인 230mm×180mm 용기를 사용할 수 있다. 컴퓨터로 통제되는 직류 모터는 H형태의 회전날개를 1축 방향 혹은 자전 및 공전 형태로 회전시킬 수 있다. 콘크리트의 경우는 회전날개와 용기의 측면, 그리고 바닥면과 50mm의 간격을 유지하고, 모르타르의 경우는 25mm의 간격을 유지한다. 이러한 규격은 최대 골재 크기와 연관 있는데, 콘크리트의 경우 25mm, 모르타르의 경우 12mm이다.

로드셀은 회전날개가 회전하는 과정에서 회전수를 측정하고 이러한 결과를 바탕으로 토크를 측정한다. Tattersall의 이점식 장비와 같이 토크와 속도 간에 직선관계를 갖는데, 이러한 관계에서 직선의 기울기인 h, 0속도일 때 응력축과의 절편인 g값을 얻을 수 있다. 이들 g와 h값은 각각 소성점도와 항복값과 연관되고 이들은 컴퓨터에 의해 자동으로 계산되고 시험 종료시점에서 계산되어 표시된다. 그러나 g값의 경우 N-m 단위(항복응력 단위는 Pa), h값의 경우 N-m-s단위(소성점도 단위는 Pa · s)로 나타낸다.

IBB는 휴대용으로도 개발되었다. 이 장비는 원래의 IBB와 동일한 디자인으로 크기를 줄인 형태이다. 휴대용 IBB는 알루미늄으로 만들어졌으며, 이동이 용이하도록 바퀴가 달렸다.

• 장점

– 이 장비는 항복값과 소성점도를 측정할 수 있다.

– 이 장비는 자동으로 운용된다.

– 이 장비는 넓은 유동성 범위의 콘크리트에 적용 가능하다.

– 이 장비는 스스로 보정한다.

• 단점

– 항복값과 소성점도값은 Pa과 Pa · s 단위로 주어지지 않는다.

– 현재 이 장비는 현장에서 사용하기에는 너무 크다. 이 장비로 측정하기 위해 필요한 콘크리트의 양은 다른 장비들보다 많다.

– Tatersall의 이점식 장비와 같이 실제 현장 적용 시 재료분리가 발생하지 않는 재료에 대해서도 장기간 측정 시 재료분리가 발생할 수 있다.

그림 3.11 IBB Rheometer

(4) BTRHEOM Rheometer

BTRHEOM 레오미터는 프랑스에서 개발된 평행판 형태의 레오미터로써 콘크리트의 항복값과 소성점도를 측정한다. 이 장비는 240mm 지름과 100mm 높이의 용기 상부와 하부에 연결된 날들을 가지고 있다. 용기 하부의 날은 고정되어 있고, 상부의 날은 회전하면서 토크를 측정한다. 모터는 용기 아래에 위치하여 중앙의 40mm 지름 축을 통해 상부 날과 연결되어 있다. 이 장비는 콘크리트를 다질 수 있는 바이브레이터가 포함되어 있고, 이를 통해 진동이 콘크리트 레올로지에 미치는 영향을 측정할 수 있다. 시험은 상부의 날을 다른 속도로 돌리면서 토크를 측정하는 방식으로 진행된다. 토크는 전단율의 안정을 위해 필요한 20초 후부터 측정되어 기록된다.

BTRHEOM 레오미터의 컴퓨터 소프트웨어는 자동적으로 빙햄계수인 항복값과 소성점도를 계산한다. 또한, 소프트웨어에서 도출되는 값은 Herschel-Burkley 모델에 기인한 플로곡선을 계산할 수도 있다. 이 장비는 다음 식과 연관되어 토크값인 Γ, 회전속도인 N을 측정하여 저장한다. 식의 A와 b값은 실험상수이다.

$$\Gamma = \Gamma_0 + AN^b \tag{3.4.2}$$

위의 식은 Herschel-Bulkley 유체의 모델과 유사하게 다음 식의 형태로 나타낼 수 있다. τ는 전단응력, τ_0은 항복응력, $\dot{\gamma}$는 전단속도변형, 그리고 a, b는 실험상수이다.

$$\tau = \tau_0 + a\dot{\gamma}^b \tag{3.4.3}$$

전단응력과 전단속도변형은 빙햄변수인 항복응력 및 소성점도인 μ로 나타낼 수 있다.

$$\tau = \tau_0 + \mu\dot{\gamma} \tag{3.4.4}$$

BTRHEOM 레오미터는 시험 중 딜레이턴시를 측정할 수 있다. 위에서 보는 바와 같이 항복값 τ_0를 계산하는 것 이외에도 응력조절 시험(점진적 응력증가 시험)을 통해 정지상태에서 항복응력을 측정할 수 있다. 정지상태에서의 항복응력 측정방법은 틱소트로피(thixotropy)가 큰 콘크리트 재료에 대해 매우 적절한 방법이다.

BTRHEOM 레오미터의 초기 발전에 기인하여 본 장치의 정확도에 대해 실험적이고 분석적으로 검증되었다.

BTRHEOM의 간편화한 형태인 레오미터는 기존 장치의 여러 단점을 보완하여 발전하였다. 간편화된 형태에서는 모터가 용기 위에 위치하며 그 결과 매우 적은 부품만을 필요로 한다. 또한, 자주 교체해 주어야 하는 실링 부품 2개 대신에 간편한 형태의 고무로 된 한 개의 O링만을 필요로 한다.

• 장점

– 이 장치는 항복값, 소성점도, 정지 시의 항복값 및 딜레이턴시를 측정할 수 있다.

– BTRHEOM의 평행판형 장치는 동축실린더형 장치가 갖는 단점들을 보완할 수 있다.

– 시험결과는 유한요소법에 의해 검증되었다.

– 장치에 부착된 진동기를 이용해 진동 시의 레올로지적 거동에 대해 측정할 수 있다.

• 단점

– 이 장치는 매우 복잡하고 고가이다.

– 실링 부품은 자주 교체해야 하고, 실링 부품을 교체할 때마다 마찰과 관련하여 새로이 보정해야 한다.

– 원래 이 장치는 매우 간결하고 현장에서 사용할 수 있도록 계획되었으나, 고가인 관계로 현장에서 일상적으로 사용하기는 어렵다.

– 이 장치는 매우 낮은 유동성의 콘크리트(일반적으로 슬럼프가 10cm보다 낮은)에 대해 측정하는 것이 어렵다.

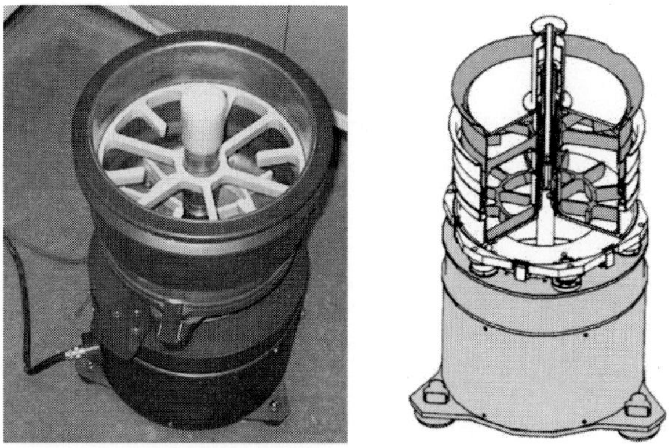

그림 3.12 BTRHEOM Rheometer

(5) ICAR Rheometer

ICAR 레오미터는 The University of Texas at Austin의 International Center for Aggregates Research(ICAR)에서 개발된 콘크리트용 레오미터로써 현장에서 활용 가능하도록 가볍고 간단한 구성과 저렴한 가격으로 제작되었다. 휴대용 레오미터로써 매우 적합한 이 장비는 슬럼프 50mm 정도의 콘크리트에서부터 자기충전 콘크리트(SCC)에 이르는 범위의 콘크리트 레올로지를 측정할 수 있다.

ICAR 레오미터는 콘크리트의 레올로지 거동을 측정하는 장비로써 정적 항복응력, 동적 항복응력 및 소성점도를 측정할 수 있다. 휴대가 간편한 ICAR 레오미터는 굳지 않은 콘크리트를 담을 수 있고, 내부 벽면에 콘크리트의 미끄러짐을 방지하기 위한 돌기를 갖는 용기와 전기모터와 토크미터가 포함되어 있는 상부장치와 이 상부장치에 연결하여 콘크리트 내에서 실제로 작동하는 4개의 날개를 갖는 베인을 포함한다. 이 레오미터는 컴퓨터에 연결하여 소프트웨어에 따라 작동하며 소프트웨어는 사용하기 쉽게 디자인되어 있다.

ICAR 레오미터는 점진적 응력증가 시험과 유동곡선 시험을 실시할 수 있으며, 모두 전용 소프트웨어에 따라 조정된다. 소프트웨어는 파일이 저장되는 경로를 지정할 수 있으며, 시험 전에 자동으로 토크를 보정할 수 있다. 시험이 완료되면 소프트웨어 화면에서 바로 레올로지 관계 변수와 빙햄 변수인 항복응력과 소성점도를 Pa과 Pa · s 단위로 얻을 수 있다. 다만, 유동곡선은 전단응력(Pa), 전단변형률(s^{-1}) 단위가 아닌 회전력(N-m)과 각속도(rps) 단위로 얻어지는데, 이를 변형하기 위해서는 Reiner-Rivlin

관계식을 이용한다.

ICAR 레오미터는 콘크리트에 대한 레오미터로써 최대 골재 크기에 따라 사용하는 회전날개 치수 및 용기의 치수가 달라진다.

- 장점
  - 이 장비는 매우 가볍고 휴대가 간편하다.
  - 저가의 장비로써 현장에서 사용이 용이하다.
  - 컴퓨터로 운용되며 시험 전 토크 보정이 자동으로 수행된다.
  - 시험 종료 후에 항복응력과 소성점도값을 바로 얻을 수 있다.

- 단점
  - 회전날개는 베인형태만 존재한다.
  - 데이터는 토크 및 각속도의 형태로 얻어진다.
  - 슬럼프가 낮은(50mm 미만) 콘크리트에 대해서는 측정이 불가능하다.
  - 회전날개와 용기 간의 간격이 다소 넓어 콘크리트 재료에 따라 전단력이 충분히 전달되지 않을 수 있다.

그림 3.13 ICAR Rheometer

제4장 콘크리트 레올로지를 활용한 시공성능 예측 기술

4.1 개 요

1960년대부터 유럽을 중심으로 콘크리트 레올로지(rheology)에 대한 연구[16]가 시작되었으나 많은 연구자들로부터 주목받고 본격적인 연구가 시작된 것은 고유동 콘크리트가 개발되고 실무에 적용하기 시작한 1990년대 초반부터이다. 다양한 유동특성을 갖는 새로운 콘크리트가 개발되면서 슬럼프와 같은 정성적 실험과 실무자의 경험만으로는 콘크리트 품질과 시공성능을 정확히 평가하기 어렵고, 보다 정량적이고 과학적인 접근법이 개발되어야 한다는 필요성이 대두되었다. 이러한 기술적 요구에 따라 콘크리트 레올로지를 측정할 수 있는 장비 개발이 이루어졌으며, 유동을 시뮬레이션할 수 있는 해석프로그램과 컴퓨터가 크게 발달하면서 레올로지뿐만 아니라 시공의 각 과정을 해석적으로 예측할 수 있는 토대가 마련되었다.

콘크리트 레올로지와 시공성능 예측은 콘크리트공학 내에서도 새로운 분야에 속한다. 즉 구조물 또는 부재의 거동해석에 있어 탄성계수, 푸아송비(Poisson's ratio), 강도 등 굳은 콘크리트의 역학적 특성이 필요하듯이 시공성능에 대한 예측을 위해 기본적으로 필요한 것이 굳지 않은 콘크리트의 레올로지 특성(점도, 항복응력)이라고 할 수 있다. 최근 새로운 고성능 화학혼화제 개발과 나노입자(nano particle)를 비롯한 광물계 혼화재료의 광범위한 사용을 통해 콘크리트 레올로지를 시공조건에 따라 자유롭게 제어할 수 있는 기술[16], 레올로지 측정값을 사용하여 콘크리트 펌핑, 거푸집 측압, 타설 과정 같은 시공의 각 과정을 해석적으로 예측하는 기술[17-19]들이 개발되고 있다. 그 외에 블리딩 및 재료분리, 섬유보강 콘크리트에서 섬유의 분산 및 방향성 등에 대한 예측 기술들이 국내·외에서 연구되고 있다. 일부는 아직 초기 단계이고 일부는 실무에 적용할 수 있을 정도로 예측기술이 개발되어 있다.

본 장에서는 콘크리트 레올로지를 기반으로 하는 시공성능 예측에 관한 내용을 서술하고자 한다. 4.2절에서는 콘크리트의 레올로지 평가에 대해 소개하고, 4.3절부터 4.6절까지는 콘크리트의 레올로지를 활용한 펌핑 예측, 거푸집 측압, 블리딩, 섬유분산 및 방향성 예측 기술에 대하여 각각 소개하고자 한다.

4.2 레올로지 평가

4.2.1 Rheometer를 이용한 콘크리트의 레올로지 측정

콘크리트나 모르타르와 같은 시멘트계 재료의 대표적인 레올로지 모델은 항복응력과 점도로 표현되는 Bingham fluid model이다[그림 4.1]. Bingham fluid model에 관한 내용은 2장에 소개하였다.

시멘트계 재료들의 레올로지 측정은 점도계(viscometer) 또는 레오미터(rheometer)라는 장비를 사용하여 이루어진다. 그림 4.2는 국내에서 사용되는 콘크리트, 모르타르 및 페이스트의 레올로지를 측정하는 장비들이다. 이외에도 크기, 모양이 다른 다양한 종류의 장비가 있다. 굵은골재가 포함된 콘크리트의 경우 콘크리트를 균질한 유체로 가정하여 레올로지를 측정하며, 그림 4.3과 같은 형태의 날개형(vane type) 회전축을 사용한다[20]. 모르타르나 페이스트의 경우 판형 또는 실린더형 회전축을 일반적으로 사용한다[그림 4.4].

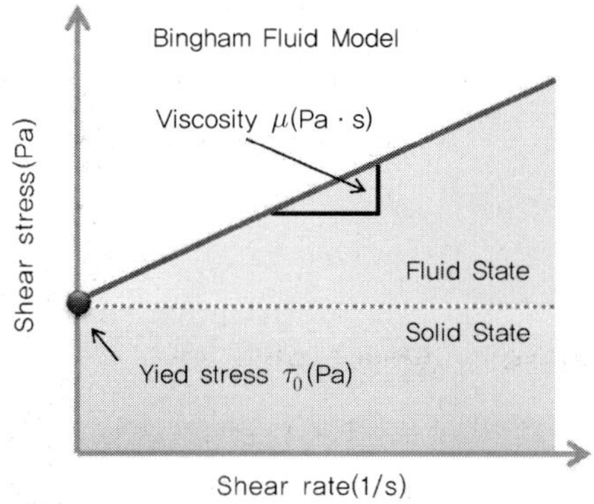

그림 4.1 Bingham fluid model

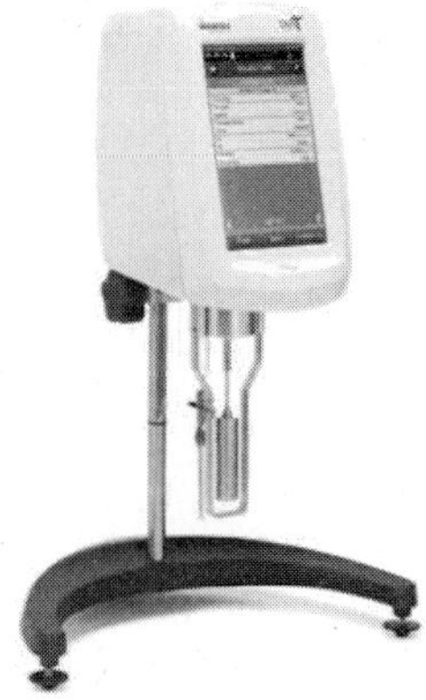

(a) Brookfield Viscometer
(페이스트 및 모르타르)

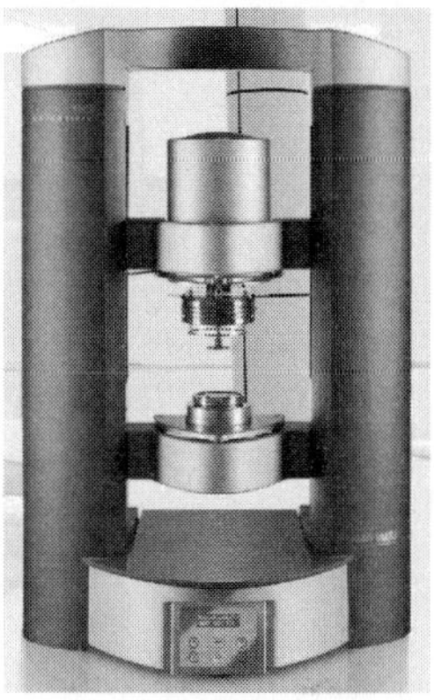

(b) Hakke Rheometer
(페이스트 및 모르타르)

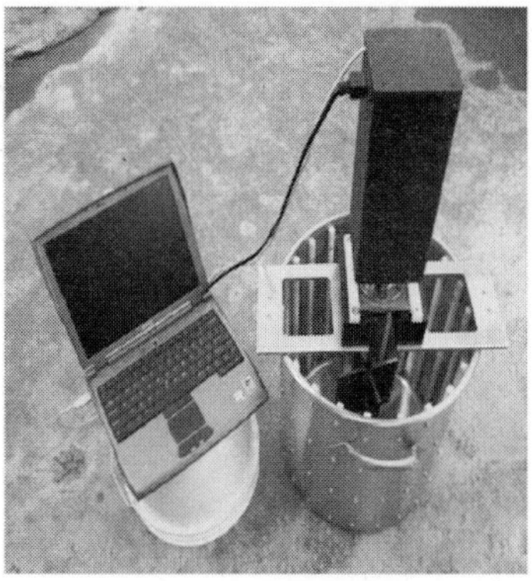

(c) ICAR Rheometer
(콘크리트)

(d) ConTec Viscometer 5
(콘크리트)

그림 4.2 국내에서 사용되는 시멘트계 재료의 레올로지 측정 장비

그림 4.3 콘크리트의 레올로지 측정에 사용하는 날개형 회전축

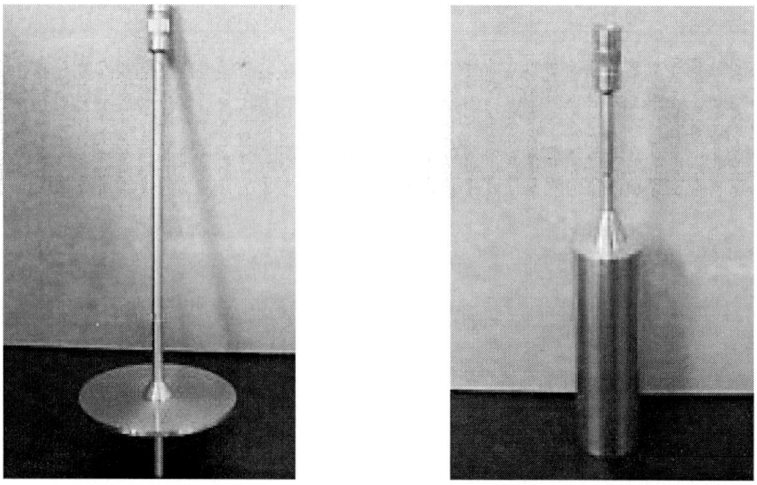

(a) 판형 회전축　　　(b) 실린더형 회전축

그림 4.4 페이스트나 모르타르의 레올로지 측정에 사용하는 회전축

레올로지를 측정하기 위해 가장 많이 사용하는 방법은 유동곡선 시험이다[그림 4.5]. 유동곡선 시험은 그림 4.5(a)와 같이 회전축을 일정수준의 회전속도(rotation speed)로 pre-shearing한 후 여러 단계로 회전속도를 감소시키면서 동시에 그림 4.5(b)와 같이 회전력(torque)과 각속도(angular velocity)를 측정하는 방법이다. 측정된 회전력과 각속도 관계를 다시 전단응력(shear stress)과 전단속도(shear rate)로 환산한 후 그림 4.1

의 점도(μ)와 항복응력(τ_0)을 산정한다.

이처럼 콘크리트의 레올로지를 측정함으로써 콘크리트 배합을 구성하는 특정 요소가 항복응력과 점도를 얼마만큼 변화시킬 수 있는지 정량적으로 파악할 수 있으며, 반대로 이들 영향인자를 조절함으로써 시공조건에 적합한 품질을 갖는 콘크리트 배합을 설계할 수도 있다.

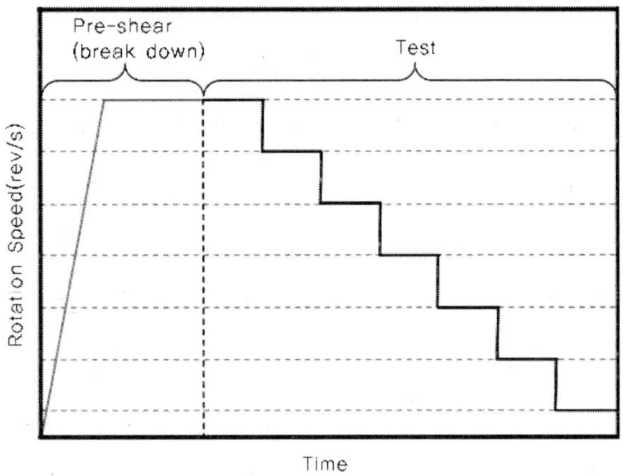

(a) 시간에 따른 회전축의 회전속도

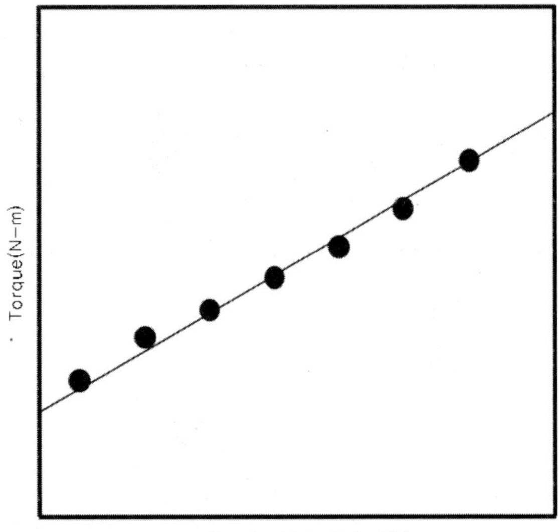

(b) 측정된 회전력과 각속도

그림 4.5 레올로지 평가를 위한 유동곡선 시험

4.2.2 레올로지 제어

그림 4.6은 단위수량, 공기량, 실리카퓸 치환율, 유동화제 사용량이 증가함에 따른 콘크리트 레올로지의 변화를 개략적으로 나타낸 것이다. 이외에도 골재의 입도 및 입형, 광물계 혼화재료, 화학혼화제에 따라 레올로지의 특성을 시공 목적에 맞게 제어할 수 있다[21].

그림 4.7은 고유동 콘크리트를 레올로지 특성에 따라 세분하고, 시공 중 재료분리 저항성과 충전성을 동시에 확보할 수 있는 레올로지 범위를 제안한 것이다[21]. 유동성이 좋은 고유동 콘크리트와 달리 타설 즉시 그 형태를 유지할 수 있을 정도로 유동성이 거의 없는 콘크리트를 개발하여 그림 4.8처럼 거푸집 없이 타설만으로 콘크리트 도로포장이 가능하게 하는 연구도 수행된 바 있다[22]. 이처럼 콘크리트 레올로지를 사용함으로써 시공 목적에 맞게 콘크리트의 품질을 정량적으로 제어할 수 있으며, 공사 전에 콘크리트의 품질기준으로써 레올로지 범위를 규정할 수도 있다. 또한 일반적인 구조해석과 마찬가지로 레올로지 특성을 반영한 시뮬레이션을 통해 콘크리트 펌핑, 거푸집 측압, 그리고 타설과정 같은 시공에서의 여러 공정을 해석적으로 예측할 수 있는 기술이 지속적으로 개발되고 있는 상태이다.

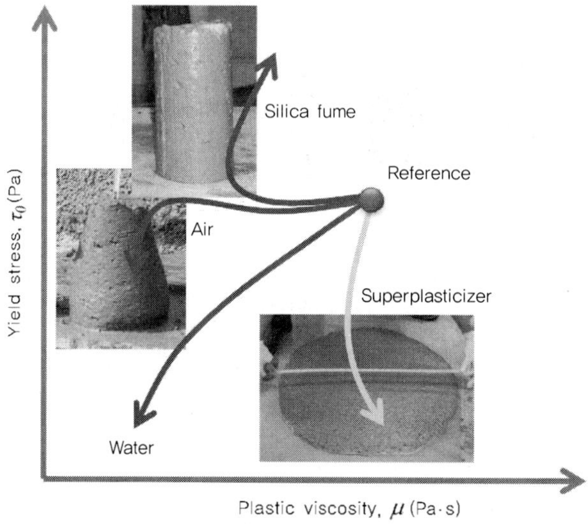

그림 4.6 영향인자별 레올로지 특성 변화[21]

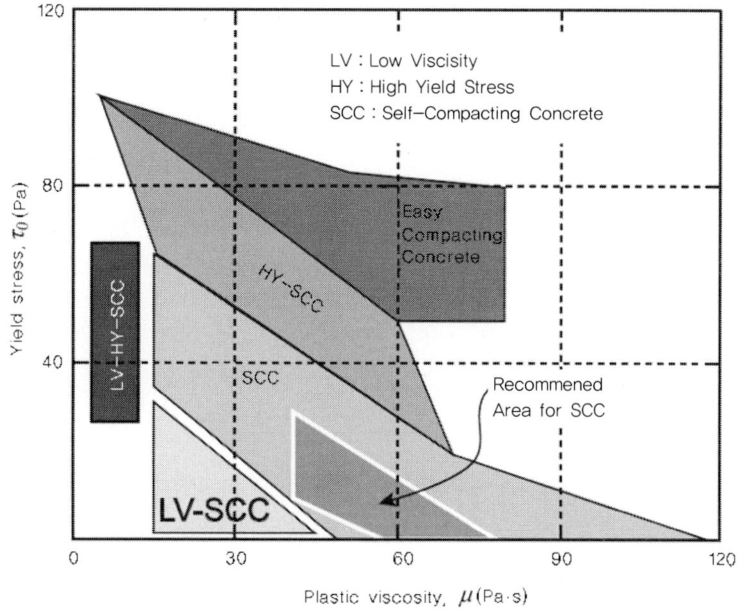

그림 4.7 레올로지 특성에 따른 고유동 콘크리트 분류[21]

그림 4.8 슬립 폼 공법이 적용된 콘크리트 포장[22]

4.2.3 새로운 레올로지 평가 방법 개발

콘크리트의 레올로지를 정량적으로 파악하기 위해 점도계 또는 레오미터라는 장비가 필요하다. 하지만 장비가 고가이며, 실험방법이 슬럼프 시험처럼 간단하지 않고 휴대성이 좋지 않아 모든 건설현장에 배치하여 사용하기에는 어려움이 있다. 이러한 이유로 현장에서 슬럼프 시험처럼 간단한 방법으로 콘크리트의 레올로지를 평가할 수 있는 새로운 평가 방법 개발의 필요성이 증가하고 있다. 최근 슬럼프 플로 시험이나 미니 슬럼프 콘 시험의 시간-직경 관계로부터 시멘트계 재료의 레올로지를 파악하려는 연구가 국내·외에서 수행된 바 있다[23-25].

그림 4.9는 미니 슬럼프 콘 시험으로부터 시멘트계 재료의 레올로지를 평가하는 방법을 나타낸 것이다[24]. 일반적으로 사용되는 시멘트계 재료의 점도와 항복응력 범위를 해석변수로 하여 유동 시뮬레이션을 수행하고, 해석을 통해 얻은 시간-직경 관계를 분석하여 레올로지와의 연관성을 파악하는 방법이다[24]. 그림 4.10은 미니 슬럼프 콘 시험에 대한 유동해석 결과를 나타낸 것이다. 항복응력이 0인 경우 점도의 크기가 증가할수록 초기 직경이 변화하기 시작하는 시간이 지연되고, 일정시간이 지난 후에는 점도의 크기에 관계없이 일정한 기울기를 유지한다. 이로부터 초기 지연시간이 재료의 점도와 관련된 함수라는 것을 알 수 있다. 항복응력이 있는 경우에는 시간이 지남에 따라 직경이 일정한 값으로 수렴하며, 항복응력이 커질수록 수렴하는 시간과 최종 직경의 값이 줄어드는 경향을 나타낸다. 따라서 최종직경과 도달시간이 항복응력과 관련된 함수라는 것을 알 수 있다.

다른 방법으로는 슬럼프 플로 시험의 최대 직경과 항복응력의 관계, 그리고 T_{500} (슬럼프 플로 시험에서 직경이 500mm에 도달하는 시간)과 같이 특정 직경에 도달하는 시간과 점도의 관계를 파악하여 콘크리트의 레올로지를 평가하는 방법도 소개된 바 있다[25]. Gram et al.[25]은 밀도, 항복응력, 그리고 점도를 변수로 하여 총 14종류의 자기충전 콘크리트에 대해 유동해석을 수행하였다. 그림 4.11은 슬럼프 콘에 대한 유동해석 결과 중 특정 직경에 도달하는 시간과 점도 관계를 나타낸 것이다. 그래프에서 T_{450}, T_{500}, T_{550}, T_{600}은 슬럼프 플로값이 특정 직경에 도달하는 시간을 의미하며, 아래첨자의 숫자는 특정 직경(mm)을 의미한다. 해석 결과에서 T_{600}인 경우의 상관계수(R^2)가 가장 높은 것으로 나타났다. 하지만 실제로 슬럼프 플로 시험에서 최종

직경이 600mm에 이르지 않는 배합도 있기 때문에 Gram et al.[25]에서는 550mm에 도달할 때의 시간을 측정하는 것을 제안하고 있다.

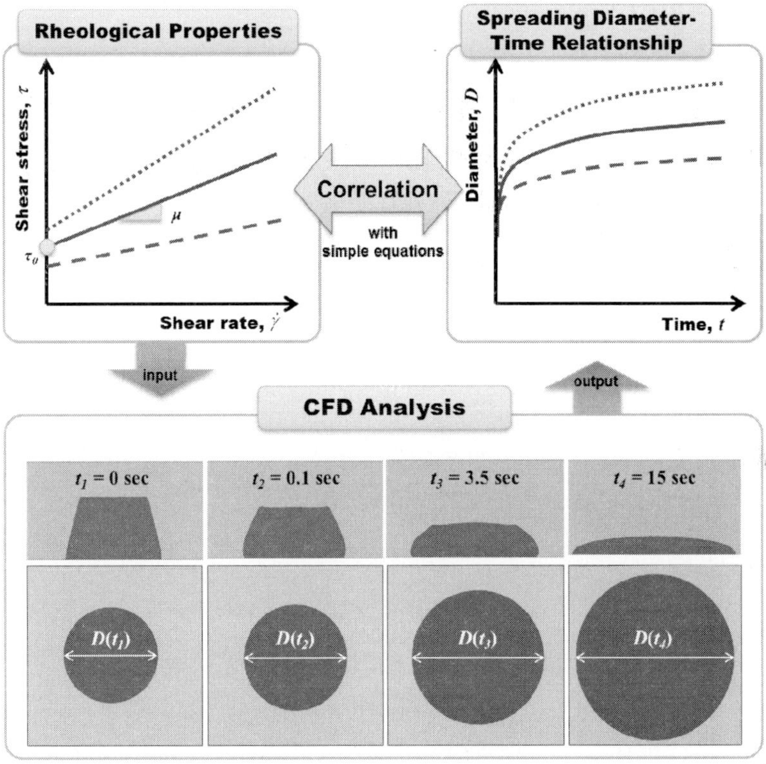

그림 4.9 미니 슬럼프 시험을 이용한 레올로지 평가 방법

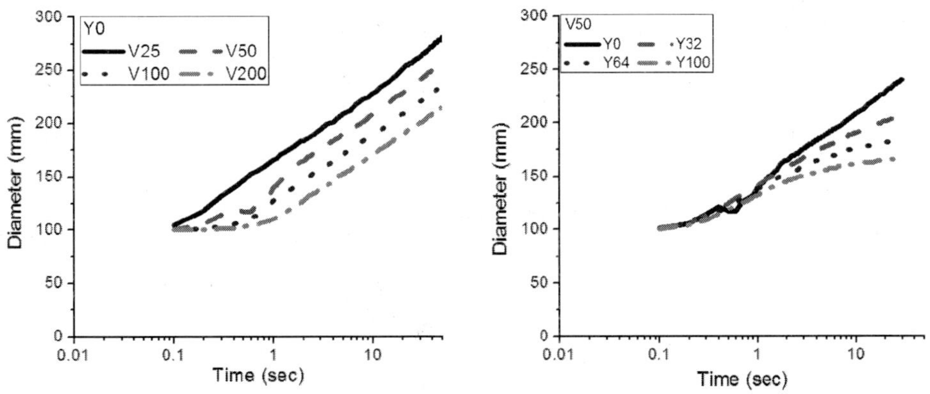

(a) 시간-직경 변화와 점도 관계 (b) 시간-직경 변화와 항복응력 관계

그림 4.10 미니 슬럼프 시험에 대한 유동해석 결과(시간-직경 관계)

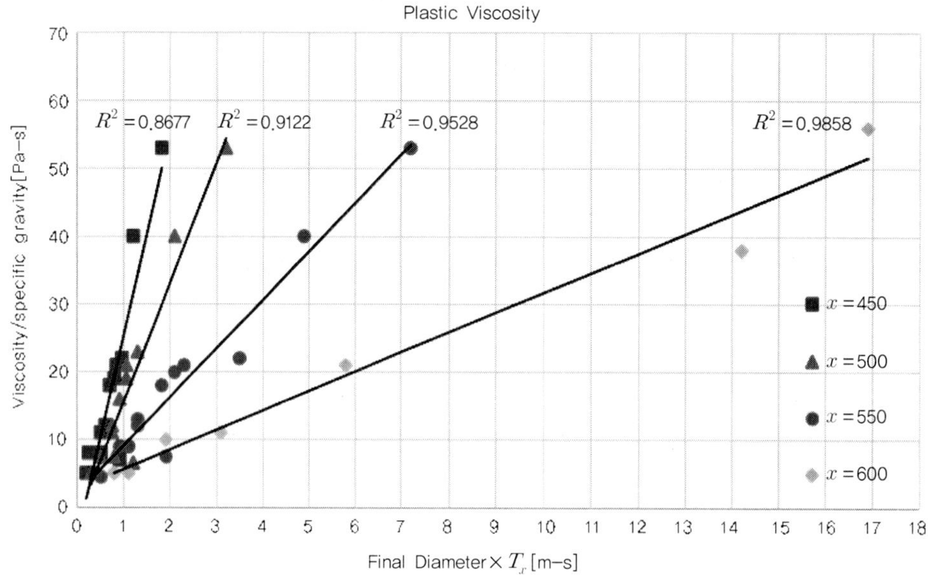

그림 4.11 슬럼프 플로 시험에 대한 유동해석 결과[25]

4.3 펌핑 예측

1933년 미국에서 처음으로 펌핑이 콘크리트 타설에 적용되었으며[26], 현재는 어느 시공현장에서나 쉽게 볼 수 있는 가장 보편적인 타설방식이 되었다. 이는 콘크리트 연속 타설이 가능하고 타설 시간 단축을 통한 공사비 절감 및 대형 장비 진입이 어려운 구조물의 시공까지도 효과적으로 적용할 수 있는 펌핑의 장점 때문이다.

최근 초고층 건물, 초장대 교량, 장거리 터널 및 도로가 없는 산악지 공사 등 대형 공사에 펌핑이 적용되면서 펌핑에 대한 정량적 예측기술의 필요성이 증가하였다. 펌핑 가능 길이가 얼마인지 또는 그때 소요되는 압력 및 토출량이 어떠한지를 사전에 파악할 수 있다면 장비 선정에서부터 콘크리트 공정계획까지 현장공사계획을 수립하는데 유용한 정보를 제공할 뿐 아니라 시공상의 문제점을 사전에 파악할 수 있어 효율적인 공사 수행을 할 수 있다. 이러한 이유에서 콘크리트 펌핑 예측을 위한 다양한 연구가 국내·외에서 진행된 바 있다[3, 4, 11-14]. 펌핑을 예측하기 위한 첫 번째 단계는 펌핑 시 배관 내에서의 콘크리트 유동 메커니즘을 분석하는 것이다. 물이나 기름과 같은 일반적인 유체의 유동특성과 달리 콘크리트의 유동은 좀더 복잡한 형태를 가지고 있다. 이와 관련한 대부분의 연구는 콘크리트 재료가 항복응력을 가짐에 따라 비전단 영역이 내부에 존재한다는 것이고, 최근 연구에서는 콘크리트와 배관 사이의 윤활층(lubrication layer)이 펌핑 성능을 예측하는데 핵심적인 요소로 평가되고 있다[18, 19, 26-33]. 두 번째는 압송될 재료에 대한 평가이다. 압송될 콘크리트와 펌핑 시 형성되는 윤활층의 유동특성(점도, 항복응력)을 측정하여 펌핑 예측에 사용한다.

4.3.1 콘크리트의 관내 유동 메커니즘

콘크리트 펌핑을 정량적으로 예측하기 위해서는 먼저 펌핑 시 관내 유동 메커니즘에 대한 이해가 필요하며, 유동 메커니즘을 정확히 분석하여 펌핑 예측에 활용하는 것이 중요하다.

콘크리트는 펌핑 시 높은 압력을 받으며, 펌핑 중 배관 내에는 전단속도가 매우 낮거나 0인 내부 콘크리트 영역과 배관 벽면 근처에 전단속도가 가장 큰 영역인 윤활층이 형성되어 이송된다. 그림 4.12는 콘크리트 펌핑 시 콘크리트와 배관 사이에 형성되는 윤활층과 내부 콘크리트를 나누어 표현한 것이다. 콘크리트 펌핑 예측에 관한 수치적 연구와 실험 연구들을 종합해보면, 가장 중요한 펌핑 메커니즘은 콘크리트 펌핑 시 배관과 콘크리트 사이에 형성되는 윤활층이라고 할 수 있다[28].

윤활층의 점도는 콘크리트에 비해 상당히 작은 값을 가지며, 1mm에서 5mm 두께로 형성된다고 알려져 있다[32]. 또한 윤활층에서 콘크리트 펌핑 속도의 80%에서 90% 이상이 발현된다[그림 4.13]. 지금까지 수행된 콘크리트 펌핑의 정량적 예측 연구에서 윤활층 특성을 과학적으로 분석하고 실험적으로 측정하기 위한 시도가 이루어졌으며, 현재 윤활층의 유동특성을 정량적으로 파악할 수 있는 장비가 개발되어 펌핑 예측에 사용하고 있다[18, 26].

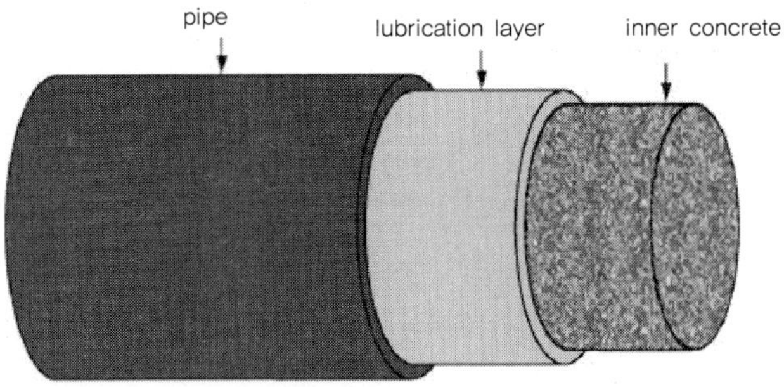

그림 4.12 콘크리트 펌핑 시 관내 형성되는 윤활층과 내부 콘크리트

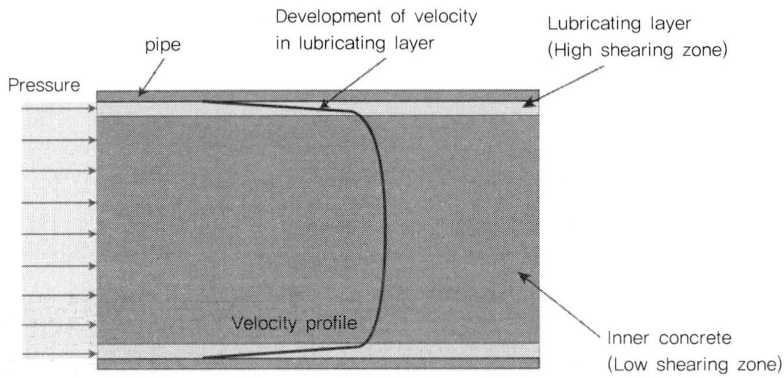

그림 4.13 콘크리트 펌핑 시 배관 내 속도 분포

4.3.2 윤활층(lubrication layer)의 유동특성 및 두께 평가 방법

(1) 윤활층의 유동특성 평가 방법

2000년대 프랑스 IFSTTAR(구, LCPC) 연구그룹을 중심으로 펌핑 예측을 위해 윤활층의 유동특성을 정량적으로 평가하고자 하는 연구[26]가 활발히 진행되었다. 윤활층의 유동특성을 측정하기 위해 트라이보미터[그림 4.14(a)]라는 장비를 개발하여 콘크리트와 배관 사이의 슬립(slip)을 고려한 레올로지 상수를 결정하고, 이를 통해 펌핑 압력 및 토출량을 예측하였다. 국내의 경우도 윤활층의 유동특성을 측정할 수 있는 장비[그림 4.14(b)]가 개발되었으며, 이 장비로부터 측정된 윤활층의 유동특성을 바탕으로 한 펌핑 예측결과가 매우 정확하다는 것이 펌핑 실험을 통해 검증된 바 있다[19]. 또한 콘크리트와 배관 사이의 전단응력에 따른 콘크리트 구성입자의 이동특성(SIPM, Shear

Induced Particle Migration)을 고려한 윤활층의 형성원리를 해석적으로 분석하여 윤활층의 유동특성이 모르타르의 유동특성과 유사하다는 사실을 밝혀내고, 모르타르 점도계를 통해 윤활층의 유동특성을 분석하고자 하는 시도들이 진행되었다[29, 31].

여기서 실제 펌핑 실험으로부터 검증된 두 가지 방법의 윤활층 레올로지 측정 방법에 대해 설명하고자 한다. 첫 번째는 Denis Kaplan 등에 의해 개발된 윤활층의 레올로지 측정 방법, 두 번째는 Kwon 등에 의해 개발된 측정 방법이다. 두 가지 방법 모두 동축실린더 트라이보미터를 사용하여 윤활층의 레올로지를 측정한다.

(a) Denis Kaplan 등에 의해 개발된 트라이보미터[26]

(b) Kwon 등에 의해 개발된 트라이보미터[17]

그림 4.14 윤활층의 유동특성 측정 장비

① Denis Kaplan 등에 의해 개발된 트라이보미터

첫 번째로 소개할 윤활층의 유동특성 평가방법은 Denis Kaplan 등에 의해 개발된 트라이보미터를 사용한 방법이다[26]. Kaplan 등에 의해 개발된 트라이보미터는 콘크리트가 채워지는 용기, 콘크리트 재료가 누출되는 것을 방지하기 위해 용기의 바닥에 설치되는 고무방수 패드, 실린더형 회전축, 그리고 실린더형 회전축을 회전시키는 모터로 구성되어 있으며, 실린더형 회전축을 모터에 결합하여 회전시키는 방식으로 실험을 수행한다. 그림 4.15는 Denis Kaplan 등에 의해 개발된 트라이보미터의 모식도를 나타낸 것이다. 콘크리트가 채워지는 용기의 직경은 350mm, 높이는 200mm이다. 이

용기에 약 13L 정도로 콘크리트를 채워서 실험을 수행하게 된다. 실험 방법은 레오미터 실험과 마찬가지로 실린더를 회전시켜 실린더 옆면에서의 회전력(torque)을 측정하는 방식으로 회전용 실린더의 회전속도를 0.20, 0.55, 0.90, 1.25, 1.60rev/s의 다섯 단계로 하여 이에 해당하는 회전력(torque)을 측정한다. 실린더가 회전하면서 실린더의 옆면과 콘크리트 사이에 형성되는 유동층을 윤활층으로 간주한다. 그림 4.16은 트라이보미터 실험으로부터 측정된 회전속도와 회전력을 나타낸 것이다.

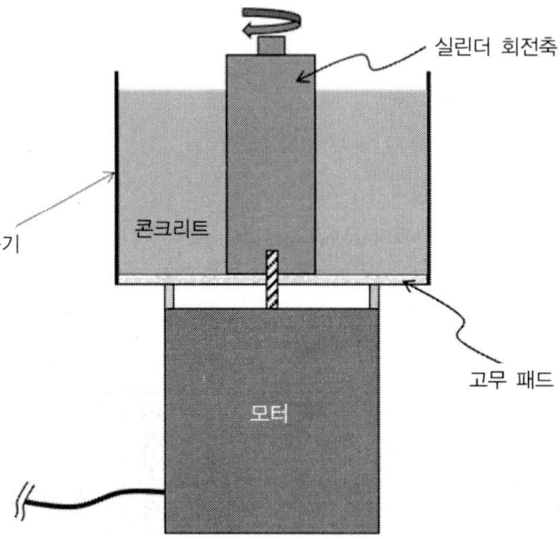

그림 4.15 Denis Kaplan 등에 의해 개발된 트라이보미터[26]

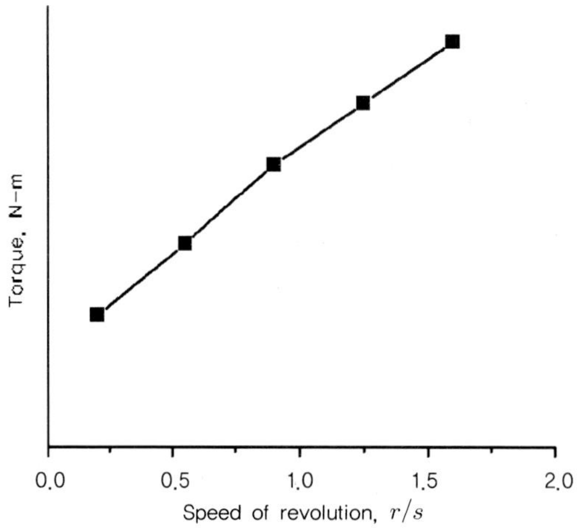

그림 4.16 트라이보미터 실험으로부터 측정된 회전속도-회전력 관계[26]

트라이보미터 실험으로부터 측정된 값은 회전력(torque, N · m)과 각속도(angular velocity, rad/s)이며, 다음과 같은 식으로 회전력과 각속도의 관계를 나타낼 수 있다.

$$\Gamma = \Gamma_0 + k\Omega_g \tag{4.3.1}$$

여기서, Γ는 콘크리트에 가해지는 전체 회전력의 크기(N · m), Γ_0는 회전력-각속도 관계 곡선에서의 절편(N · m), k는 회전력-각속도 관계 곡선에서의 기울기(N · m · s/rad), Ω_g는 각속도(rad/s)를 의미한다.

Ω_g는 다음의 두 가지 경우에 대해 산정하는 방법이 다르다. 첫 번째 경우는 회전용 실린더의 회전속도로 인해 발생하는 전단응력이 콘크리트의 항복응력보다 낮은 경우이다. 이 경우에는 내부 콘크리트에 전단응력으로 인한 유동이 발생하지 않기 때문에 트라이보미터 실험으로부터 측정된 Ω_g값을 그대로 사용한다. 두 번째 경우는 회전용 실린더의 회전에 의해 발생하는 전단응력이 콘크리트의 항복응력보다 큰 경우이다. 이 경우에는 내부 콘크리트에 전단유동이 발생하기 때문에 다음 식으로부터 Ω_g를 산정하여 사용한다.

$$\Omega_g = \Omega - \Omega_{conc} \tag{4.3.2}$$

여기서, Ω는 실험 시 측정된 각속도(rad/s), Ω_{conc}는 내부 콘크리트 부분의 각속도(rad/s)를 의미하며 다음의 식 (4.3.3)을 이용하여 계산한다.

$$\Omega_{conc} = \frac{1}{2\mu}\left[\frac{\Gamma}{2\pi h R^2} - \tau_0\left(1 + ln\frac{\Gamma}{2\pi h R^2 \tau_0}\right)\right] \tag{4.3.3}$$

여기서, τ_0는 콘크리트의 항복응력(Pa), μ는 콘크리트의 점도(Pa · s), R은 cylinder의 반지름(m), h는 콘크리트의 채움 높이(m)를 의미한다. 콘크리트의 점도와 항복응력은 레오미터 실험을 통하여 측정할 수 있다.

위와 같은 방법으로 트라이보미터 실험을 통해 식 (4.3.1)의 관계를 얻어내면, 다음의 식 (4.3.4)를 이용하여 윤활층의 유동특성인 항복응력과 점도를 계산할 수 있다.

$$\tau_{0i}^t = \frac{\Gamma_0}{2\pi R^2 h} \text{ and } \eta^t = \frac{k}{2\pi R^3 h} \tag{4.3.4}$$

여기서, τ_{0i}^{t}는 윤활층의 항복응력(Pa), η^{t}는 윤활층의 점도 상수(Pa · s/m)를 의미한다.

② Kwon 등에 의해 개발된 트라이보미터

Denis Kaplan 등에 의해 개발된 트라이보미터는 콘크리트가 누출되는 것을 방지하기 위해 용기의 바닥에 고무 방수 패드를 설치한다. 따라서 회전하는 실린더의 밑면과 고무 패드 사이에 발생하는 마찰이 측정 결과에 항상 포함된다. 윤활층의 점도와 항복응력은 콘크리트에 비해 매우 작은 값을 가지기 때문에 실린더의 밑면과 고무 패드 사이에 발생하는 마찰이 작은 값이라 해도 윤활층의 특성값을 산정하는 데 영향을 줄 수 있다. Kwon 등은 이러한 문제점을 보완하고, 최대한 윤활층의 특성에 가까운 값을 얻어내기 위해 새로운 방식의 트라이보미터를 개발하였다[17].

그림 4.17은 국내에서 개발된 트라이보미터의 구성 장비 및 치수를 나타낸 것이다. 구성 장비는 기존의 콘크리트 레오미터(ICAR Rheometer)와 비슷하며, 직경이 130mm인 실린더와 모터 높임용 받침대를 추가로 구성하여 이를 통해 윤활층의 유동 특성을 측정한다.

그림 4.18은 트라이보미터 실험 시 유동곡선(flow curve)을 얻기 위해 설정한 회전용 실린더의 회전속도를 나타낸 것이다. 회전용 실린더를 0.5rev/s의 일정한 회전속도(rotation speed)로 pre-shearing한 후, 0.5rev/s에서 0.05rev/s까지 총 다섯 단계로 회전속도를 감소시키면서 동시에 회전력(torque)과 각속도(angular velocity)를 측정한다.

Kwon 등에 의해 개발된 트라이보미터 실험에서는 동일한 콘크리트를 각각 다른 높이(h_1, h_2)로 채워 총 두 번 측정한다. 그 이유는 측정 시 실린더의 모서리 부분에 집중되는 전단속도를 제거하기 위함이다. 따라서 그림 4.19와 같이 h_2의 높이로 콘크리트를 채웠을 때의 측정값에서 h_1의 높이로 채웠을 때의 측정값을 빼서 h높이 만큼의 실린더 벽면(전단속도와 전단응력이 일정한 구간)에서 순수한 윤활층의 특성값을 추출해 낼 수 있다. 트라이보미터 개발 과정에서 다양한 콘크리트 배합에 대한 많은 실험이 수행되었으며, 실험을 통해 h_1과 h_2는 각각 200mm와 300mm로 제시되었다. 그림 4.20은 그림 4.19에서의 A-A′ 단면을 나타낸 것이다.

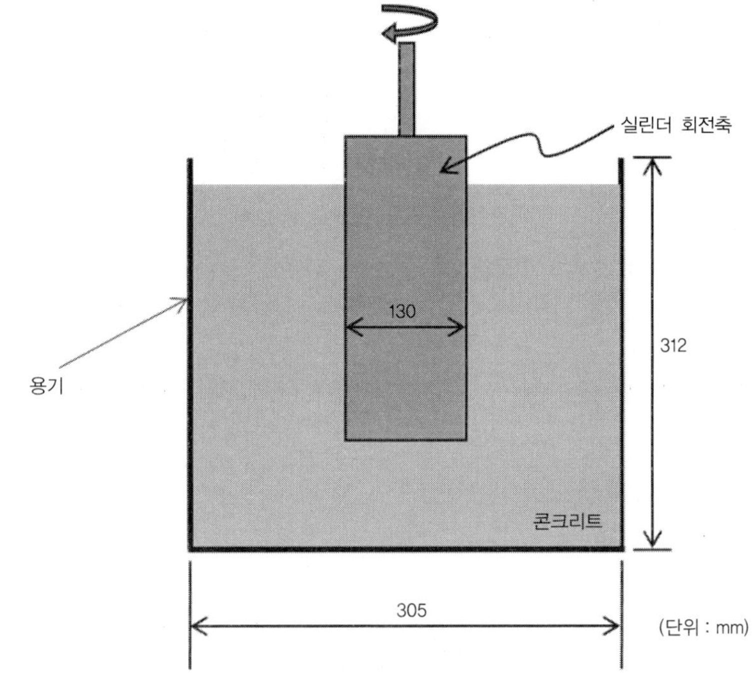

그림 4.17 Kwon 등에 의해 개발된 트라이보미터[17]

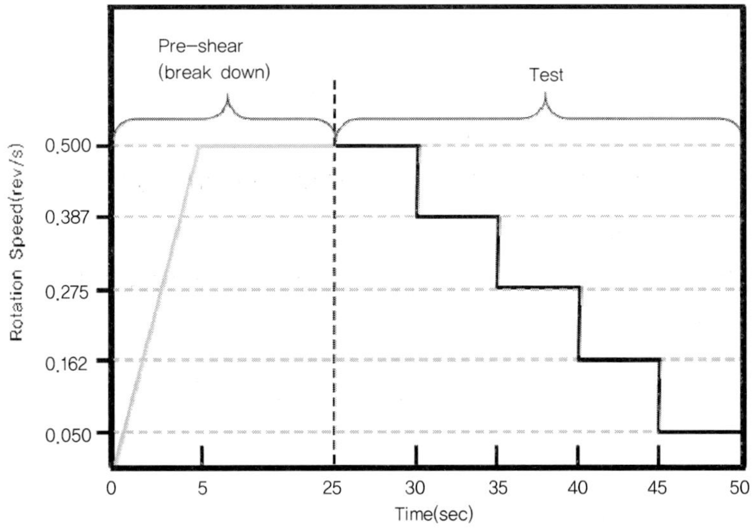

그림 4.18 트라이보미터 실험 시 회전용 실린더의 회전속도

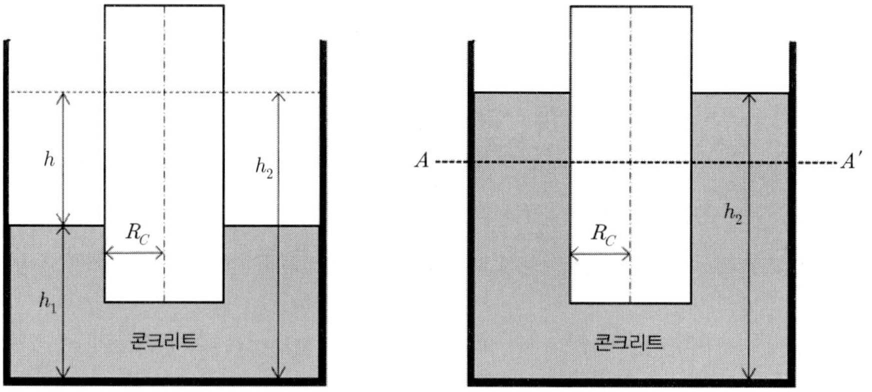

그림 4.19 트라이보미터 실험 방법

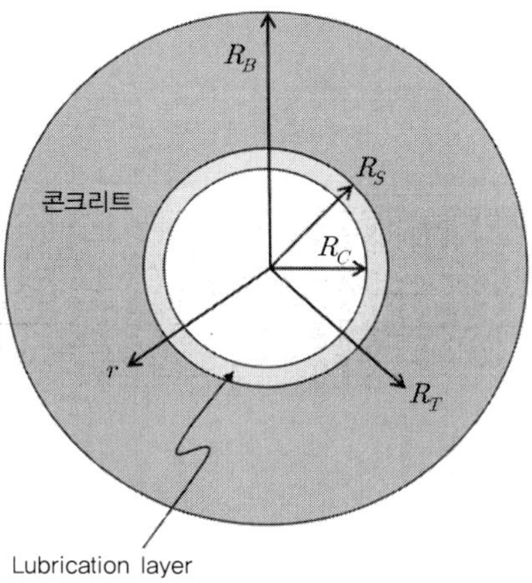

그림 4.20 트라이보미터의 횡단면(그림 4.19의 A-A' 단면)

트라이보미터 실험 시 실린더와 용기 벽면 사이의 전단응력(shear stress)은 다음 식과 같이 표현된다[17].

$$\tau = \frac{\Gamma_S}{2\pi h r^2} \tag{4.3.5}$$

여기서, τ는 전단응력(Pa), $h = h_2 - h_1$로 콘크리트 채움 높이의 차(m), $\Gamma_S = \Gamma_{h_2} - \Gamma_{h_1}$로 콘크리트를 h_2높이로 채웠을 때 측정된 회전력과 h_1높이로 채웠을 때 측정된 회전력의 차(N · m), r은 트라이보미터 중앙에서부터의 거리(m)를 의미한다.

전단응력은 회전력 Γ_S에 선형적으로 비례하며, 이 전단응력에 의해 발생하는 전단 유동(shear flow)은 두 가지 경우로 구분할 수 있다. 첫 번째 경우는 콘크리트와 윤활층의 유동특성 차이가 비교적 큰 경우이며, 이때 전단유동은 윤활층 내부에서만 발생한다. 두 번째 경우는 콘크리트와 윤활층의 유동특성 차이가 작은 경우이며, 이때 전단유동은 윤활층과 콘크리트 내부 모두에서 발생한다. 첫 번째 경우에서 회전력(torque)과 각속도(angular velocity)의 관계는 Reiner-Rivlin equation으로 알려진 다음 식으로 나타낼 수 있다.

$$\Omega_M = \Omega_S = \frac{\Gamma_S}{4\pi h \mu_S}\left[\frac{1}{R_C^2} - \frac{1}{R_S^2}\right] + \frac{\tau_{S,0}}{\mu_S} ln\left[\frac{R_C}{R_S}\right] \qquad (4.3.6)$$

여기서, Ω_M은 회전모터의 회전에 의해 발생한 실린더의 각속도(rad/s), Ω_S는 윤활층의 전단유동에 의해 발생한 각속도(rad/s), μ_S와 $\tau_{S,0}$는 각각 윤활층의 점도(Pa · s)와 항복응력(Pa)을 의미한다. R_C와 R_S는 각각 실린더의 반지름(m)과 실린더 중앙에서부터 윤활층이 끝나는 지점까지의 거리(m)를 의미한다.

두 번째 경우에서의 각속도 Ω_M은 윤활층과 콘크리트에서의 전단유동에 의해 발생하는 각속도의 합으로 다음과 같이 표현된다.

$$\Omega_M = \Omega_S + \Omega_P \qquad (4.3.7)$$

$$R_T = \sqrt{\frac{\Gamma_S}{2\pi h \tau_P}} \leq R_B \qquad (4.3.8)$$

$$\Omega_P = \frac{\Gamma_S}{4\pi h \mu_P}\left[\frac{1}{R_S^2} - \frac{1}{R_T^2}\right] + \frac{\tau_{P,0}}{\mu_P} ln\left[\frac{R_S}{R_T}\right] \qquad (4.3.9)$$

여기서, Ω_P는 콘크리트에서의 전단유동에 의해 발생하는 각속도(rad/s), R_T는 실린더 중앙에서부터 콘크리트의 전단유동이 존재하는 지점까지 거리(m), R_B는 용기의 반지름(m), μ_P와 $\tau_{P,0}$는 각각 콘크리트의 점도(Pa · s)와 항복응력(Pa)을 의미한다.

첫 번째 경우 트라이보미터 실험으로부터 측정된 회전력과 각속도의 관계는 다음과 같다.

$$\Gamma_S = k\Omega_S + \Gamma_0 = k\Omega_M + \Gamma_0 \tag{4.3.10}$$

여기서, k는 회전력-각속도 관계 곡선에서의 기울기(N · m · s/rad), Γ_0는 회전력-각속도 관계 곡선에서의 절편(N · m)으로 윤활층에서 전단유동이 시작할 때의 초기 회전력을 의미한다. 윤활층의 항복응력은 Γ_0와 함께 다음과 같이 간단하게 표현된다.

$$\tau_{S,0} = \frac{\Gamma_0}{2\pi h R_C^2} \tag{4.3.11}$$

윤활층의 점도는 회전력-각속도 관계 곡선에서의 기울기 k와 관련되며, 다음 식으로부터 계산할 수 있다.

$$\mu_S = \frac{k}{4\pi h}\left(\frac{1}{R_C^2} - \frac{1}{R_S^2}\right) \tag{4.3.12}$$

윤활층과 콘크리트에서 모두 전단유동이 발생하는 두 번째 경우에는 다음과 같이 실린더의 각속도 Ω_M과 콘크리트의 각속도 Ω_P의 차이로부터 윤활층 부분의 각속도 Ω_S를 계산하는 과정이 필요하다.

$$\Gamma_S = k\Omega_S + \Gamma_0 = k(\Omega_M - \Omega_P) + \Gamma_0 \tag{4.3.13}$$

여기서, 두 파라미터 k와 Γ_0는 트라이보미터 실험을 통하여 구할 수 있으며, 이 두 파라미터와 식 (4.3.11)과 식 (4.3.12)를 이용하여 윤활층의 항복응력과 점도를 계산할 수 있다. 하지만 실린더 중앙에서부터 윤활층이 끝나는 지점까지의 거리 R_S를 가정해야 하는데, 여기서는 윤활층의 두께에 대한 기존 연구들[16, 17, 31, 32]에 의해 윤활층의 두께는 2mm로 가정한다. 따라서 R_S는 R_C에 2mm를 더한 값이 된다.

그림 4.21에 윤활층의 유동특성을 측정하는 과정을 순서도로 요약하였다.

① h_1 높이까지 콘크리트를 채움

↓

② 설정된 각속도(Ω_S)에 따른 회전력 측정(Γ_{S1})

↓

③ h_2 높이까지 콘크리트를 채움

↓

④ 설정된 각속도(Ω_S)에 따른 회전력 측정(Γ_{S2})

↓

⑤ 회전력($\Gamma_S = \Gamma_{S2} - \Gamma_{S1}$)과 각속도($\Omega_S$)의 관계 도출

↓

⑥ 도출된 회전력(Γ_S)과 각속도(Ω_S)의 관계를 curve fitting하여 식 (4.3.10)의 파라미터 κ를 찾음

↓

⑦ 식 (4.3.11)과 식 (4.3.12)로부터 윤활층의 항복응력($\tau_{S,0}$)과 점도(μ_S)를 계산

그림 4.21 윤활층의 유동특성 측정 방법의 순서도

(2) 윤활층의 두께 평가 방법

윤활층의 특성 가운데 유동특성과 아울러 중요한 요소가 두께이다. 최근에 전단유도입자 이동원리를 활용한 해석 방법으로 윤활층의 두께를 분석한 연구가 수행된 바 있으며[31, 32], 그림 4.22와 같이 투명배관을 압송배관의 일부에 설치하여 초음파를 통해 유동속도 프로파일을 직접 측정하고자 하는 시도도 있었다. 유동속도 프로파일은 UVP(Ultrasonic Velocity Profiler)라는 특수장비를 이용하여 측정하며, 이를 통해 얻어낸 유동속도 프로파일로부터 윤활층의 두께를 평가할 수도 있다[31]. 이러한 해석 및 실험 연구결과 윤활층의 두께는 배관의 길이, 사용된 구성 재료, 배관 직경에 따라 약간의 차이는 있지만 대략

그림 4.22 UVP가 설치된 투명 배관

2mm 정도인 것으로 평가되고 있으며, 펌핑이 진행되는 동안 일정하게 유지되는 것으로 파악되었다[31].

4.3.3 콘크리트 펌핑 예측

콘크리트는 펌핑 시 높은 압력을 받으며, 이로 인해 배관 내에는 그림 4.23과 같이 윤활층, 내부 콘크리트의 전단유동층, 내부 콘크리트의 플러그 흐름층의 3가지 층이 형성될 수 있다. 이때 배관 내 속도분포(velocity profile)를 살펴보면, 윤활층에서 속도가 대부분 발달한 것을 볼 수 있으며, 내부 콘크리트의 전단유동층에서 약간의 속도가 증가하면서 최대속도에 도달하면 더 이상 속도의 변화가 없는 플러그 흐름에 도달하게 된다. 이는 배관 벽면에서의 전단속도가 가장 크고, 배관 중심부로 갈수록 전단속도가 거의 없다는 것을 의미하여, 이 3가지 층에 대한 전단속도는 다음과 같은 식으로 표현할 수 있다.

$$\dot{\gamma} = \frac{\tau(r) - \tau_{S,0}}{\mu_S} \quad (R_L \le r \le R_P) \tag{4.3.14}$$

$$\dot{\gamma} = \frac{\tau(r) - \gamma_{P,0}}{\mu_P} \quad (R_G \le r \le R_L) \tag{4.3.15}$$

$$\dot{\gamma} = 0 \quad (0 \le r \le R_G) \tag{4.3.16}$$

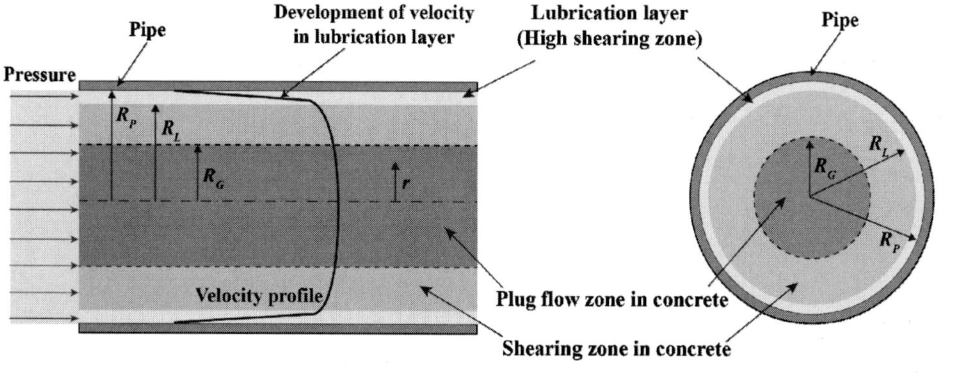

그림 4.23 콘크리트 펌핑 시 배관 내 유동형상

여기서, $\dot{\gamma}$는 배관 내 전단속도(1/s), τ는 배관 내 전단응력(Pa), r은 배관 내 임의의 지점에서 반지름(m), R_P는 배관 반지름(m), R_L은 배관 중심에서 윤활층까지의 거리(m), R_G는 배관 중심에서 전단유동이 시작되는 지점까지의 거리(m), $\tau_{S,0}$와 μ_S는 각각 윤활층의 항복응력(Pa)과 점도(Pa · s), $\tau_{P,0}$와 μ_P는 각각 내부콘크리트의 항복응력(Pa)과 점도(Pa · s)를 의미한다. 윤활층의 두께는 2mm로 가정한다. 따라서 윤활층의 두께를 의미하는 R_P와 R_L의 차이는 2mm가 된다.

내부 콘크리트에서의 전단속도는 콘크리트의 항복응력보다 큰 전단속도가 작용할 때에만 발생하며, 다음 식을 통하여 파이프 중심에서 전단속도가 시작되는 지점까지의 거리인 R_G를 계산할 수 있다.

$$R_G = 2\tau_{P,0}\left(\frac{L_{pipe}}{P_{inlet}}\right) \le R_L \tag{4.3.17}$$

여기서, P_{inlet}은 배관 입구에서의 압력(Pa), L_{pipe}는 전체 배관길이(m)를 의미한다.

배관 내 속도는 파이프 단면 내 전단속도를 적분하여 계산할 수 있으며, 다음과 같이 표현할 수 있다.

$$U_S = \frac{1}{\mu_S}\left[\frac{\Delta P({R_P}^2 - r^2)}{4} - \tau_{S,0}(R_P - r)\right] \quad (R_L \le r \le R_P) \tag{4.3.18}$$

$$\begin{aligned} U_{P1} = &\frac{1}{\mu_S}\left[\frac{\Delta P({R_P}^2 - R_L^2)}{4} - \tau_{S,0}(R_P - R_L)\right] \\ &+ \frac{1}{\mu_P}\left[\frac{\Delta P({R_L}^2 - r^2)}{4} - \tau_{P,0}(R_L - r)\right] \quad (R_G \le r \le R_L) \end{aligned} \tag{4.3.19}$$

$$\begin{aligned} U_{P2} = &\frac{1}{\mu_S}\left[\frac{\Delta P({R_P}^2 - R_L^2)}{4} - \tau_{S,0}(R_P - R_L)\right] \\ &+ \frac{1}{\mu_P}\left[\frac{\Delta P({R_L}^2 - R_G^2)}{4} - \tau_{P,0}(R_L - R_G)\right] \quad (0 \le r \le R_G) \end{aligned} \tag{4.3.20}$$

여기서, U_S, U_{P1}, U_{P2}는 각각 윤활층, 내부 콘크리트의 전단유동층, 내부 콘크리트 플러그 흐름층의 속도를 의미한다. ΔP는 단위길이당 압력(Pa/m), 즉

P_{inlet}/L_{pipe}를 의미한다.

콘크리트 토출량 Q는 배관 내 속도를 적분하여 계산할 수 있다.

$$Q = \int_{R_L}^{R_P} 2\pi r U_S dr + \int_{R_G}^{R_L} 2\pi r U_{P1} dr + \int_{0}^{R_G} 2\pi r U_{P2} dr$$

$$= 3{,}600 \frac{\pi}{24\mu_S \mu_P} [3\mu_P \Delta P({R_P}^4 - {R_L}^4) - 8\tau_{S,0}\mu_P({R_P}^3 - {R_L}^3) \quad (4.3.21)$$

$$+ 3\mu_S \Delta P({R_L}^4 - {R_G}^4) - 8\tau_{P,0}\mu_S({R_L}^3 - {R_G}^3)]$$

여기서, Q는 토출량(m^3/h)을 의미한다. 토출량을 계산하기 위해 필요한 변수인 콘크리트와 윤활층의 유동특성은 레오미터 실험과 트라이보미터 실험을 통해 얻을 수 있으며, 배관 총 길이와 입구에서의 압력이 주어지면 식 (4.3.21)을 통해 펌핑을 예측할 수 있다. 또한 목표로 하는 펌핑 거리와 토출량에 대해 펌핑을 원활하게 하기 위한 입구 압력과 적합한 배합을 제시할 수 있다.

4.3.4 펌핑 예측 방법의 검증

펌핑 예측 방법의 정확성은 실제 규모의 펌핑 실험을 수행하여 실험결과와 펌핑 예측 결과를 상호비교함으로써 검증할 수 있다. 최근 국내에서는 새로운 트라이보미터를 개발하여 최대한 윤활층의 유동특성에 가까운 값을 얻어낼 수 있는 실험 방법을 제안했다[17]. 또한 측정된 윤활층의 유동특성을 이용한 펌핑 예측 방법을 제시하였고, 이 예측 방법으로 계산된 토출량과 수평 배관길이 550m 규모의 펌핑 실험을 통하여 측정된 토출량 결과와의 비교를 통해 높은 정확도로 예측기법을 검증하였다[18][그림 4.24].

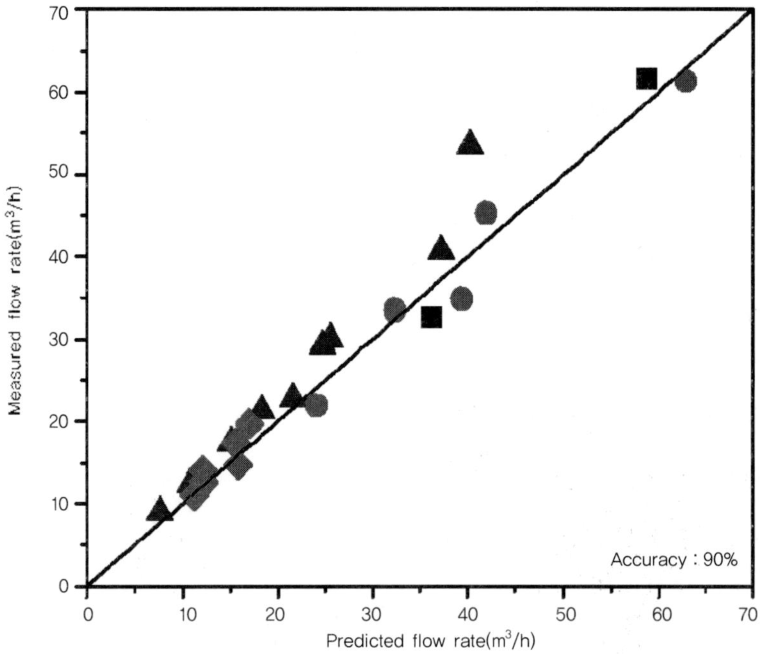

그림 4.24 펌핑 실험 결과와의 비교를 통한 펌핑 예측방법 검증[18]

4.3.5 추후 연구방향

지금까지의 콘크리트 펌핑 예측 연구는 펌핑이 가능한 재료의 유동특성을 분석하여 소요압력 또는 토출량 등의 펌핑성능을 예측하는 것이었다. 그러나 실제 현장의 경우 균질한 품질관리가 어렵고, 특수한 요구성능을 만족시키는 콘크리트 배합의 경우 압송성능이 떨어지는 콘크리트를 압송해야 되는 경우도 있다. 이때 배관이 막히는 일이 종종 발생하기도 한다[그림 4.25]. 타설중 배관이 막히는 경우 후속공정에 차질이 생길 뿐만 아니라 배관을 청소하고 재설치하려면 상당한 시간과 비용을 지불해야 한다. 그래서 지금까지의 연구결과들을 바탕으로 콘크리트 재료분리 또는 고압조건에서의 물성변화 등을 평가하여 배관의 막힘현상을 과학적으로 분석하는 연구가 필요하다.

배관 막힘현상에 대한 연구와 더불어 중요한 것이 장거리 펌핑에서의 윤활층 소실에 대한 부분이다. 현재까지 수행된 펌핑 실험을 통해 1,000m 길이까지는 윤활층이 소실되지 않고 유지된다는 사실이 검증되었다[30]. 그러나 펌핑 도중 콘크리트의 물성이 변화하고, 펌핑 길이가 길어질수록 압력 강하량이 증가하기 때문에 장거리 펌핑에서는 윤활층의 소실이 발생할 수 있다. 실제로 장거리 터널과 같은 경우에는 콘크리트를 1km에서 3km까지 펌핑하고 있지만, 펌핑성능에 대한 정량적 평가나 윤활층 소실에 대한 검토는 이루어지지 않고 있다. 따라서 장거리 펌핑 시 윤활층이 유지되는지에 대한 검토가 필요하며, 윤활층이 소실되었을 경우에 대한 대책 및 윤활층 소실 방지에 대한 연구 또한 필요하다.

그림 4.25 압송 중 배관 막힘현상

4.4 측압

4.4.1 최대 측압 예측식

굳지 않은 콘크리트를 타설하여 거푸집에 채워넣으면 배합의 유동성을 억제하고 이로 인한 변형을 억제하는 거푸집에 측압이 발생한다. 시공현장에서는 콘크리트 측압으로 인한 거푸집 붕괴를 방지하고 과도한 변형을 제한하기 위해 최대 측압을 예측하고 그에 따른 거푸집 설계가 필요하다. 국내 건설현장에서 참조하는 「콘크리트표준시방서」에는 콘크리트 거푸집 설계를 위해 측압 예측식을 제시하고 있는데, 이 식은 ACI 347 Formwork for Concrete위원회에서 제시한 식을 참조하고 있다. ACI 347-04 기준은 1958년 《Pressures on Formwork》라는 제목의 논문에서 제시된 측압예측에 대한 모델식을 근거로 하고 있다. 거푸집 측압은 기본적으로 타설속도가 빨라질수록 증가하며, 콘크리트의 단위중량과 온도, 그리고 사용하는 혼화제 종류의 영향을 받는다.

이 모델식에 근거하여 산정한 최대 측압에 안전율 2.0 정도를 적용하고, 50년 이상이 지난 지금까지도 여전히 대부분의 현장에서 거푸집설계에 적용해 왔다. 그러나 최근 들어 자기충전 콘크리트와 같은 고유동 콘크리트 사용의 증가로 이 모델식에 대한 보완을 요구하는 목소리가 높아지고 있다.

ACI 347-04[34] 기준에 따르면 일반적인 진동다짐으로 타설하는 다짐 높이 1.2m 이하 콘크리트 기둥에서 발생하는 측압은 식 (4.4.1), 벽체에 대해서는 식 (4.4.2)로 예측한다.

그리고 고유동 콘크리트에 대해 위의 식 (4.4.1)을 사용하지 않고, 콘크리트 자중이 그대로 측압으로 작용하는 정수압 형태 $p = wh$로 고려한다.

$$P = C_W C_C \left[7.2 + \frac{785R}{T + 17.8} \right] \tag{4.4.1}$$

$$P = C_W C_C \left[7.2 + \frac{1,156R}{T + 17.8} + \frac{244R}{T + 17.8} \right] \tag{4.4.2}$$

여기서, 예측된 측압의 단위는 kN/m^2이며, 기둥에 대하여 최소값과 최대값은 $30C_W < p < 150C_W C_C$로 벽체에 대해서는 이보다 작게 $30C_W < p < 100C_W C_C$로 한정한다. 또한 계산된 최대 측압은 콘크리트 자중에 의한 정수압 $p = wh$보다 클 수 없다. 참고로 기둥에 대한 측압 예측식 (4.4.1)은 in-lb 단위에서는 $p = C_W C_C (150 + 9,000R/T)$가 된다. 측압은 타설속도 R(m/h)과 콘크리트의 온도 T(℃)에 영향을 받는다.

그리고 콘크리트 배합의 재료상수인 단위중량계수(unit weight coefficient, C_W)와 화학계수(chemistry coefficient, C_C)를 다음의 표와 같이 적용한다.

표 4.1 **단위중량계수**

w	22.5 kN/m^3 이하	22.5~24.0 kN/m^3	24.0 kN/m^3 이상
C_W	$C_W = 0.5(1 + (w/23.2))$	$C_W = 1.0$	$C_W = w/23.2$

표 4.2 **화학계수**

시멘트 또는 결합재 종류	C_C
1종 또는 3종 시멘트 사용 시(지연제를 사용하지 않는 경우)	1.0
1종 또는 3종 시멘트 사용 시(지연제를 사용하는 경우)	1.2
고로슬래그미분말 치환율 70% 또는 플라이애시 치환율 40% 이하(지연제를 사용하지 않는 경우)	1.2
고로슬래그미분말 치환율 70% 또는 플라이애시 치환율 40% 이하(지연제를 사용하는 경우)	1.4
고로슬래그미분말 치환율 70% 또는 플라이애시 치환율 40% 이상	1.4

*상기된 지연제는 고성능 감수제 등을 포함하여 콘크리트 응결을 지연시키는 모든 화학혼화제를 의미함

예를 들어 5.4m(18ft) 높이의 기둥에 대하여 단위중량이 23.2kN/m^3(150 lb/ft^3)이고 고로슬래그 미분말 30%를 사용하는 콘크리트 타설 시 측압을 계산한다고 가정하자 [35]. 먼저 배합의 특성을 반영하여 표 4.1과 표 4.2에서 단위중량계수 $C_W = 1.0$과 화학계수 $C_C = 1.2$를 얻을 수 있다. 콘크리트 온도는 16℃(60°F)이고 타설속도는 3m/h(10ft/h)일 때, 최대 측압은 1.0×1.2×79.2=95kPa(1980 lb/ft^2)으로 산정된다. 그리고 계산된 기둥의 최대 측압은 각 위치에서의 정수압 형태인 $p = wh$를 최대값으로 한정하므로 높이에 따른 측압분포는 그림 4.26과 같다. 비교를 위해 타설조건 중 콘크리트 온도가 4℃(40°F)로 바뀌는 경우에는 1.0×1.2×95.8=115kPa(2,400 lb/ft^2)이 된다. 이 경우 최하단에서 정수압 형태의 측압을 계산하면 $p = wh = 23.2 \times 5.4 =$ 125kPa(2,700 lb/ft^2)이므로 그림 4.26과 같이 정수압 형태로 측압분포가 예측된다.

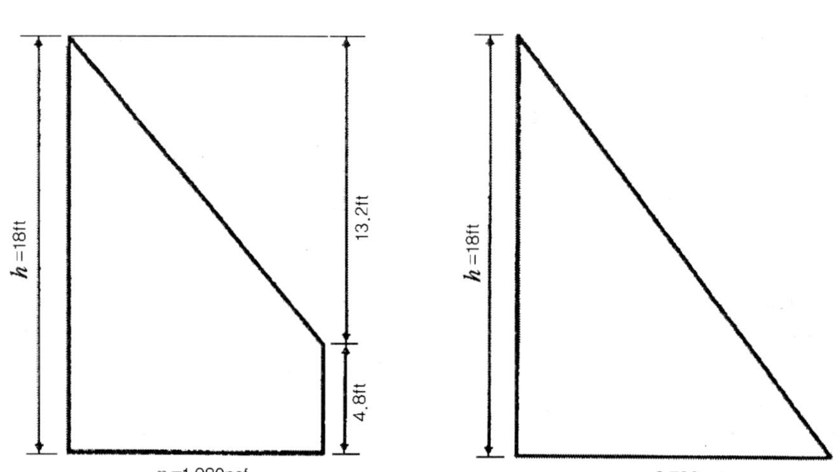

그림 4.26 높이 5.4m인 기둥의 측압분포 : 콘크리트 온도 16℃(좌)와 4℃(우)

그러나 최근 들어 자기충전 콘크리트(SCC)의 현장타설 적용이 증가함에 따라 고유동 콘크리트에 대한 거푸집 안전성 검토의 필요성이 크게 대두되었다. 만약 고유동 콘크리트가 물과 같이 잘 흘러간다면 거푸집의 측압은 정수압의 형태로 고려해야 한다. 즉 자중에 의한 수직압과 동일한 크기의 거푸집 측압이 발생하므로 콘크리트 단위중량과 타설높이의 곱으로 측압을 계산할 수 있다. 거푸집 측압에 대한 정수압 가정은 매우 보수적인 기준으로, 실제로는 초고유동 콘크리트의 경우에도 골재 맞물림 등으로 인해 정수압보다 낮은 측압을 보인다. 또한 정지상태에서 전단응력에 대한 저항특성이 시간이 지남에 따라 급격히 증가하는 틱소트로피(thixotropy)현상으로 인해 타설시간 동안 측압은 더욱 감소한다.

RILEM TC 233-FPC위원회에서는 'Form pressure generated by fresh concrete'라는 주제로 거푸집 측압 예측식에 대해 활발히 논의 중에 있다. 또한 미국에서도 ACI 347 'Formwork for Concrete' 위원회에서 ACI 237 'Self-Consolidating Concrete' 위원회와 공동으로 자기충전 콘크리트의 거푸집 측압에 대한 논의를 시작하였다. 각 국의 설계기준 중 고유동 콘크리트에 대한 설계 측압식을 제일 먼저 반영한 것은 DIN 18281 「Pressure of Fresh Concrete on Vertical Formwork」[36] 기준이다. 이 기준은 고유동 콘크리트에 대해서도 정수압형태보다 낮은 설계측압을 지시하고 있다. 표 4.3은 슬럼프 플로 측정 결과에 따른 컨시스턴시 등급별 최대 측압 예측식이다. 콘크리트의 재료특성으로 단위중량(w)과 응결시간(t_E)을 사용하여 타설속도(R)의 비례식으로 최대 측압을 산정한다.

표 4.3 DIN 18218에 의한 콘크리트 최대 측압 예측식

등급	슬럼프 플로(mm)	측압(kPa)	응결시간(h)	단위중량(kN/m3)
F1	340 이하	$(5R+21)\cdot K1\cdot K2\geq 25$	$K1=1+0.030(t_E-5)$	$K2=w/25$
F2	350 ~ 410	$(10R+19)\cdot K1\cdot K2\geq 25$	$K1=1+0.053(t_E-5)$	
F3	420 ~ 480	$(14R+18)\cdot K1\cdot K2\geq 25$	$K1=1+0.077(t_E-5)$	
F4	490 ~ 550	$(17R+17)\cdot K1\cdot K2\geq 25$	$K1=1+0.14(t_E-5)$	
F5	560 ~ 620	$(25+30\cdot R\cdot K1)\cdot K2\geq 30$	$K1=t_E/5$	
F6	630 이상	$(25+38\cdot R\cdot K1)\cdot K2\geq 30$		
SCC	700 이상	$(25+33\cdot R\cdot K1)\cdot K2\geq 30$		

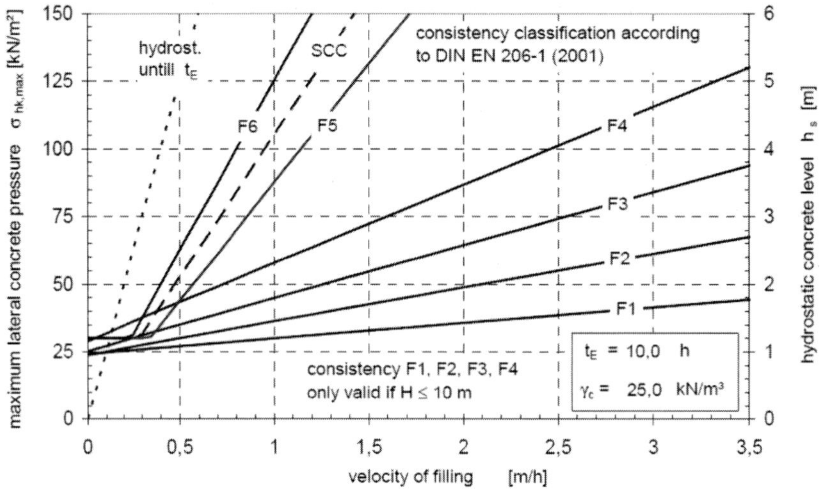

그림 4.27 응결시간이 10h인 콘크리트 배합의 최대 측압 예측

그림 4.27은 콘크리트의 응결시간이 $t_E = 10h$일 때, 각 컨시스턴시 등급별 최대 측압을 예측한 예제이다. ACI 기준과 마찬가지로 타설속도에 따라 예상 최대 측압이 증가하지만 정수압형태($p = wh$)보다는 낮은 값을 보여주고 있다. 그림 4.28은 DIN 기준을 기반으로 추정한 콘크리트 기둥의 측압분포이다[37]. 앞서 살펴본 ACI 기준 예제와 같이 기둥의 상부는 정수압형태로 측압이 발생하고, 기둥의 하부에서는 최대 측압을 모델식을 통해 한정하고 있다.

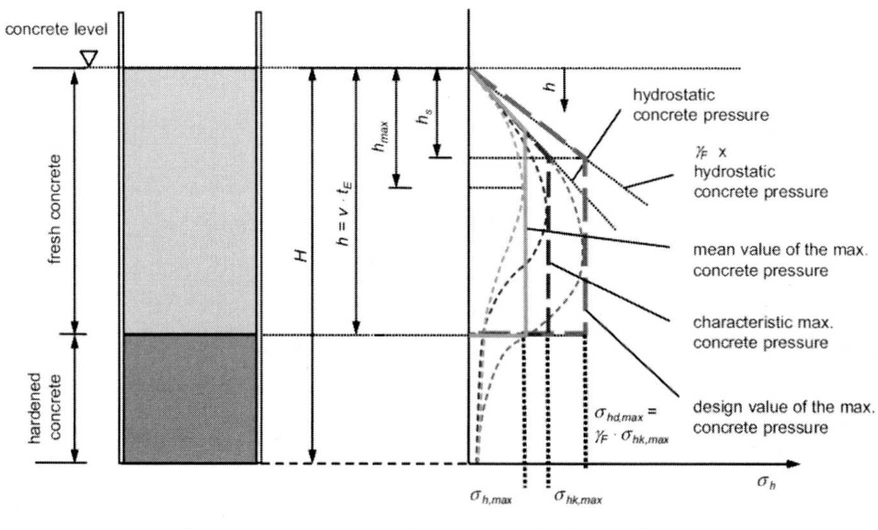

그림 4.28 콘크리트 기둥의 측압 분포 및 거푸집 설계 하중

4.4.2 압력 반응 모델

레올로지 관점에서 굳지 않은 콘크리트의 측압은 수평방향으로의 변형 구속 시 수직압과 수평압의 비율을 정량적으로 분석하여 모델링할 수 있다. 일반적인 압력 반응 모델은 Janssen의 Silo의 측압 예측 모델을 기반으로 식 (4.4.3)과 같이 수평압(σ_H)과 수직압(σ_V)의 비율인 K를 이용한다.

$$\sigma_H(t) = K(t)\,\sigma_V(t) \tag{4.4.3}$$

콘크리트 비빔 직후 배합에 작용한다면 앞서 설명한 바와 같이 수평압은 수직압과 거의 같은 정수압이 측정된다. 이때 $K = 1$로 산정되고, 이 비율은 시간이 지남에 따라 감소하여 측압의 감소를 모사한다. 일반적으로 $K(t) = 1 - k \cdot t$ 형태로 시간에 따른 측압 감소를 모델링하고 타설속도(R)를 고려하면 앞서 소개한 예측식의 기본형태를 구성할 수 있다.

앞서 설명한 DIN 18218 기준의 근거가 되는 실험도 이러한 압력반응모델을 기반으로 시간에 따른 측압의 변화를 타설속도, 타설높이, 콘크리트 점도 등의 영향을 고려하여 유도한 실험식이다. 1m 이하의 콘크리트 기둥 시편에 압력계를 설치하고 시간에 따른 K값의 감소를 측정하여 최대 측압을 예측한다. 이외에도 지난 10년간 다양한 실험이 진행되어 왔으며, 그 결과 모델식을 나열하면 다음과 같다. 자세한 설명은 각 모델의 참고문헌에서 확인할 수 있다.

(1) Model by Khayat and Omran(2011)[38]

$$P = \frac{\gamma_c H}{100}(98 - 3.82H + 0.63R + 11D_{\min} - 0.021PV\tau_0) \cdot f_{MSA} \cdot f_{\wp} \tag{4.4.4}$$

(2) Model by Lange and Tejeda-Dominguez(2008)[39]

$$P = \gamma R t \frac{C_0}{(at^2 + 1)^{\alpha}} \tag{4.4.5}$$

(3) Model by Ovarlez and Roussel(2006)[40]

$$P = \frac{\gamma_c H}{100}(98 - 3.82H + 0.63R + 11D_{\min} - 0.021PV\tau_0) \cdot f_{MSA} \cdot f_{\wp} \quad (4.4.6)$$

(4) Model by Perrot and Amziane(2009)[41]

$$P = \left(\rho g H - \left(\frac{\phi_b + 2S_b}{(e - S_b)\phi_b}\right)\frac{A_{thix}H^2}{R}\right) \quad (4.4.7)$$

(5) Model by Gardner(2012)[42]

$$P = wR\left(t_h - \frac{t_h^{\ 2}}{2t_0}\right) \quad (4.4.8)$$

(6) Model by Beitzel(2010)[42]

$$P = \rho g H - \frac{C_{thix} \cdot H^2}{Rd} - \frac{2 \cdot C_{thix} \cdot H}{R} \quad (4.4.9)$$

4.4.3 ACBM 모델

거푸집 측압 예측을 위한 ACBM 모델은 Janssen 압력 반응 모델에서 고려하지 않고 있는 가압이력에 따른 측압의 변화를 반영한 모델이다. 즉 수직압이 증가하는 구간에서의 측압-수직압 비율과 수직압이 일정하게 유지되는 구간에서의 측압-수직압 비율이 서로 다르게 측정되어 Janssen 모델식 (4.4.3)으로는 설명할 수 없다. 이를 고려하기 위해 즉시응답함수와 지연응답함수를 독립적으로 정의하여 압력반응 비율을 정의하면 다음과 같다[43].

$$\Delta\sigma_H(t, t') = \alpha(t, t')\beta(t')\Delta\sigma_V(t') \quad (4.4.10)$$

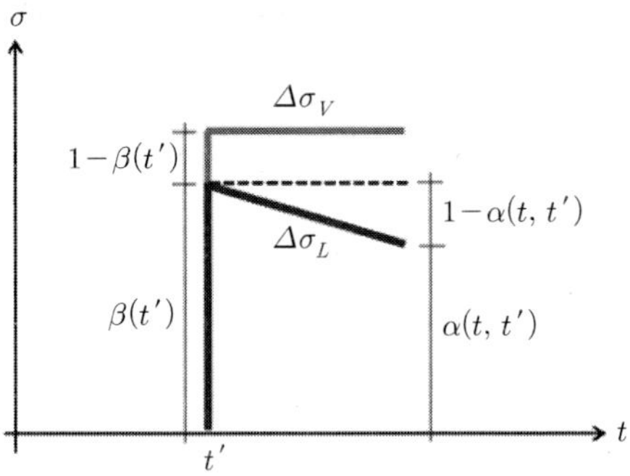

그림 4.29 즉시응답함수와 지연응답함수

그림 4.29는 수직압력 증가 $\Delta\sigma_V$에 따른 이상적인 측압 반응 $\Delta\sigma_L$을 보여준다. 여기서, t는 현재 측정시간, t'은 수직압 재하시간이다. t'에서 수직압력이 작용했을 때, 측압은 즉시응답함수(β)에 따라 순간적으로 증가하고, 이후 수직압력이 유지되는 동안에는 지연응답함수(α)의 비율로 감소한다. 즉시응답함수와 지연응답함수의 형태는 다양한 배합에 대한 실험을 통해 확인한 결과 응결시간(SCC의 경우 약 10시간) 이전에는 다음과 같이 간단한 선형식으로 모사가 가능하다.

$$\beta(t') = 1 - b \cdot t' \quad (4.4.11)$$

$$\alpha(t, t') = 1 - \alpha^2 \cdot t' \cdot (t - t') \quad (4.4.12)$$

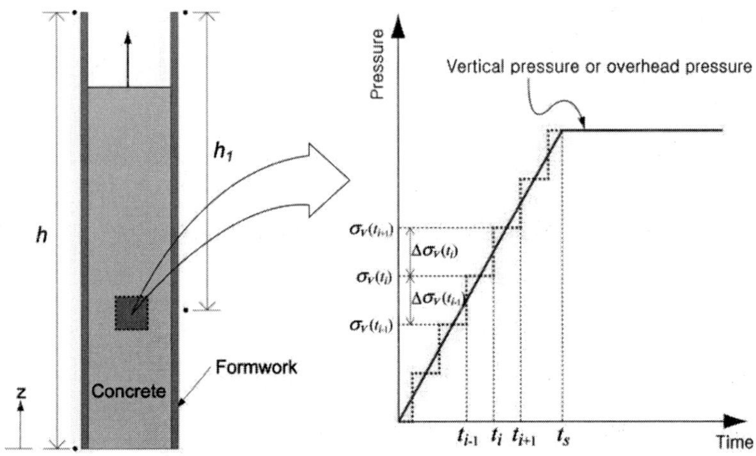

그림 4.30 콘크리트 타설과정에서의 수직압 모사

한편, 콘크리트 타설 시 일정한 위치에서 콘크리트 자중에 의한 수직압 증가를 계단식으로 모사하면 그림 4.30과 같이 구성된다.

일정한 타설속도(R)에서 발생하는 콘크리트 바닥의 수직압은 타설 콘크리트의 높이($h = Rt$)와 콘크리트 단위중량(w)을 고려하여 계산할 수 있다.

$$\sigma_V(t) = \int_0^t d\sigma_V(t') = wRt \tag{4.4.13}$$

콘크리트 응결 전에 타설이 완료된다고 가정하면, 이때 발생하는 거푸집 측압은 그림 4.29의 모델을 이용하여 다음 식 (4.4.14)와 같은 적분식으로 계산할 수 있다.

$$\sigma_H(t) = \int_0^t \alpha(t, t')\beta(t')d\sigma_v(t') = wR\left(t - \frac{b}{2}t^2 - \frac{a^2}{6}t^3 + \frac{ba^2}{12}t^4\right) \tag{4.4.14}$$

그림 4.31에서는 계산한 측압의 증가를 보여주고 있다. 거푸집 측압의 분포는 일정한 시간에서 각 위치별 측압을 계산하여 구성할 수 있다. 또한 측압의 최대값은 다항함수의 최대값이 되므로 구조물의 형태와 관련 없이 재료상수인 측압 모델의 계수에 의해 결정된다. 이 최대값은 타설속도가 증가함에 따라 비례하여 증가한다.

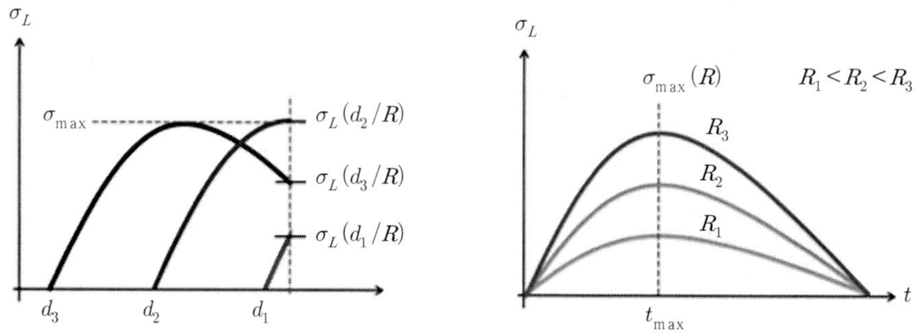

그림 4.31 콘크리트의 위치 및 타설 속도에 따른 측압 계산

그림 4.32는 다양한 고유동 콘크리트 배합에 대하여 측정한 즉시응답계수와 지연응답계수이다[44-46]. 두 재료상수가 결정되면, 그림 4.31과 같이 시간-콘크리트 측압 곡선의 최대값은 타설속도(R)에 비례하게 된다. 이를 즉시응답계수-지연응답계수 평면에 나타내면 각 배합의 최대 측압 위치가 $3.6wR$보다 작은 영역에 분포하는 것을 확

인할 수 있다. 그러므로 사전연구에서는 고유동 콘크리트의 최대 측압 예측식으로 3.6 wR을 제안한 바 있다[45]. 이 기준값은 그림 4.32에서 확인할 수 있듯이 DIN 기준과 유사한 수준이다.

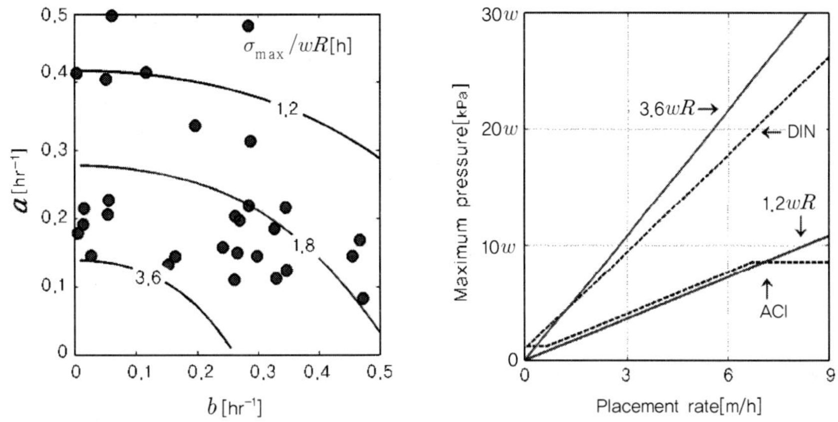

그림 4.32 타설속도에 따른 콘크리트 측압 모델 구성

거푸집 측압의 분포도 또한 위의 모델을 이용하여 예측할 수 있다. 재료상수, 즉 단위중량, 즉시응답계수(b)와 지연응답계수(a)를 기반으로 타설 속도(R)에 따라 변하는 측압분포를 계산한다. 따라서 제안된 모델을 이용하여 계산한 결과와 목업(mock-up) 실험결과의 비교는 그림 4.33과 같이 가능하다. 모델을 이용한 측압의 분포는 기존의 배합실험을 통해 발생 가능한 재료상수 범위를 기반으로 계산하였다. 지연응답계수(a)의 값은 0.2로 일정하게 가정하였고, 즉시응답계수(b)는 0에서 0.4 사이에서 배합에 따라 변화하게 가정하였다.

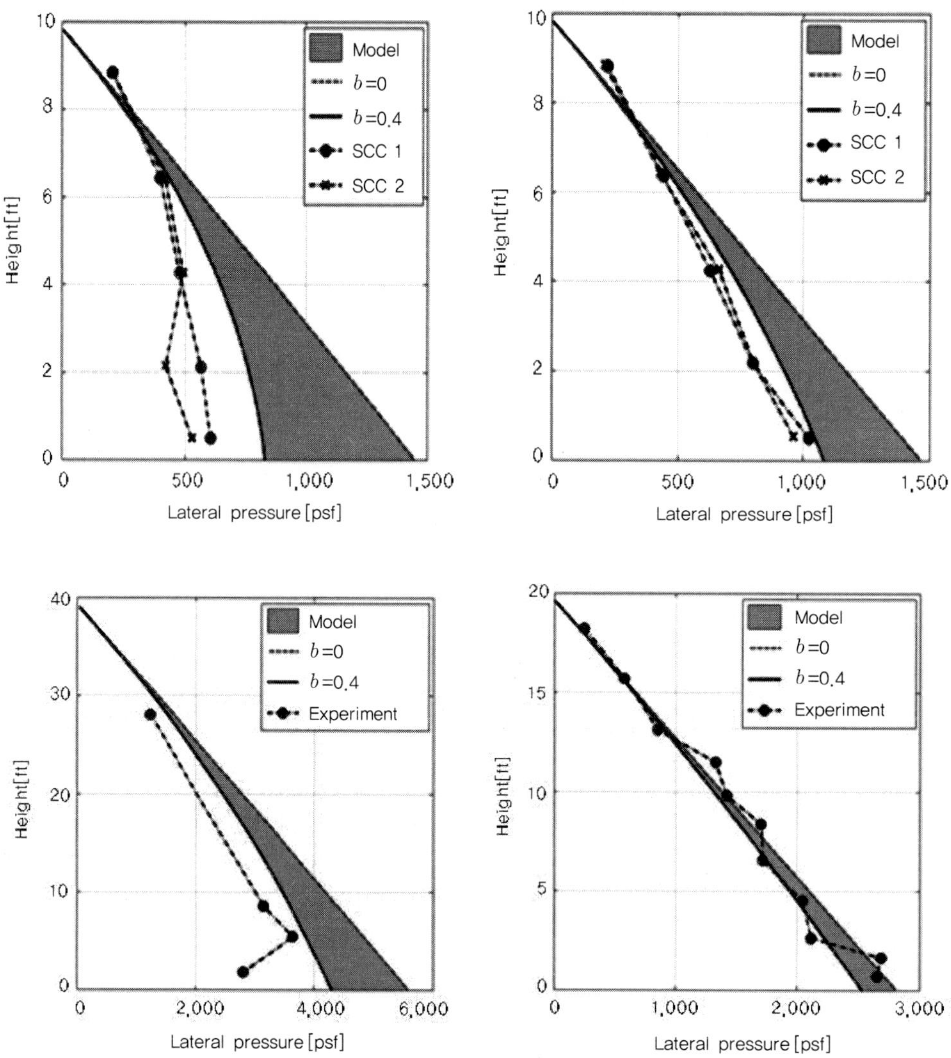

그림 4.33 콘크리트 측압의 분포 비교

4.5 블리딩

4.5.1 블리딩 측정 방법

콘크리트 배합의 물-시멘트비 또는 단위수량이 높을수록 블리딩이 증가하고, 잔골재율이 적정한 범위보다 낮아도 그 양이 큰 폭으로 증가한다[47]. 블리딩률이 높은 콘크리트 배합은 레이턴스로 인해 시공이음에서 콘크리트의 부착강도를 저하시키고, 소성침하균열 발생의 가능성을 높인다. 이와 같은 블리딩 문제는 특히 프리스트레스트 콘크리트 구조물에 사용되는 포스트텐셔닝(PT) 그라우트에서 심각하게 고려해야 한다. 만약 주입된 그라우트에서 블리딩이 발생한다면 긴장재를 따라 덕트의 상부로 이동한 블리딩수는 상단에 위치한 앵커부 근처에서 모인다. 그라우트 응결 후 블리딩수가 증발하면 물길 모양의 공극이 앵커부와 긴장재 주변에 생성되어 강연선을 보호하는 그라우트의 역할을 충분히 수행할 수 없게 된다. 또한 블리딩수가 차지하고 있던 빈 공간은 긴장재의 부식을 촉발시킬 수 있다. 따라서 현장에서는 PT그라우트의 품질관리를 위해 블리딩이 전혀 발생하지 않도록 규제하고 있다.

그라우트의 블리딩을 억제하기 위해 현장에서는 알루미늄계 팽창제 등을 이용하여 배합의 겉보기 부피를 팽창시켜 발생한 블리딩을 상쇄시키고 있다. 알루미늄계 팽창제는 배합 내부에 수소가스를 발생시키는데, 긴장재 주변에 수소원자가 침투하면 수소취화(hydrogen embrittlement)의 형태로 부식이 발생할 수 있다. 최근 보고된 논문에 의하면 시공한 지 채 2년도 되지 않은 프리스트레스트 콘크리트 교량에서 이와 같은 긴장재 부식으로 인해 심각한 내구성 문제가 보고되었다고 한다[48]. 따라서 향후에는 알루미늄계 팽창제 사용에 대한 주의가 필요하고, 나아가 그라우트 블리딩에 대한 체계적인 연구가 필요할 것으로 판단된다.

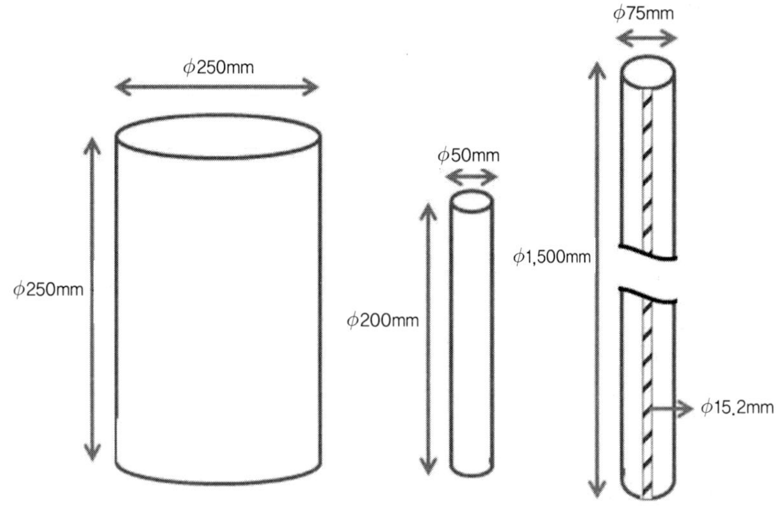

그림 4.34 블리딩 시험 방법

현재 국내·외 시험규격에서 제시하는 블리딩 측정 방법[49, 50]은 크게 일반 콘크리트용과 PT그라우트용으로 분류할 수 있다. 콘크리트의 경우 지름 250mm, 높이 250mm의 원기둥 시편(12.3L 부피)에서 상부로 모이는 블리딩수의 양을 측정하도록 되어 있다. 블리딩 시험 결과는 일반적으로 블리딩량 또는 블리딩률로 평가한다. 블리딩량은 단위면적당 발생하는 블리딩수의 양으로 단위는 cm^3/cm^2가 되고, 블리딩률은 배합의 단위수량 대비 발생하는 블리딩수 양의 백분율(%)로 정의한다. 시험 규격 용기로 실험할 경우 배합의 단위수량이 전체 부피의 18%를 차지한다고 가정하면 블리딩량 $0.5cm^3/cm^2$는 블리딩률로 약 11%로 환산할 수 있다. 이 값은 물-시멘트비가 약 0.6인 일반 콘크리트 배합에서 3시간 후 발생하는 블리딩량이다[47].

그라우트의 블리딩 시험을 위한 KS F 2432 시험 규격[51]에서는 그림 4.34(b)와 같이 지름 50mm, 높이 200mm의 원기둥 시편(0.392L 부피)에서 발생하는 블리딩수의 양을 측정한다. 발생하는 블리딩수의 양을 전체 그라우트 부피 대비 백분율(%)로 블리딩률을 정의하여 평가한다. 즉 콘크리트의 블리딩률 11%를 그라우트에 대한 블리딩률 값으로 환산한다면 전체 배합 부피 대비 2%가 된다. 앞서 설명한 바와 같이 PT그라우트의 경우 블리딩 발생은 심각한 내구성 문제를 야기할 수 있으므로 블리딩률을 전체 그라우트 부피 대비 0.5% 이하로 제한하여 블리딩의 발생을 실질적으로 규제하고 있다[52].

PT그라우트에서 발생하는 블리딩을 보다 정확히 측정하기 위해 그림 4.34(c)의 JHS 420 시험규격[53]과 같이 심지효과(wick effect)에 대한 고려가 필요하다. 다수의 강연선이 나선형으로 꼬여 구성된 긴장재는 그라우트로 충전된 덕트의 중앙에 위치하는데, 그라우트 주입을 위한 압력이 가해짐에 따라 강연선이 꼬인 틈 사이로 재료분리가 발생하여 긴장재를 따라 블리딩이 증가한다[54]. 지름 75mm의 실린더에 직경 15.2mm 긴장재를 중앙에 세운 후, 그라우트를 하단에서 압력을 가하면서 1.5m 높이까지 주입하여 블리딩수의 양을 측정한다. 일본 콘크리트시방서에 의하면 3시간 후 블리딩률은 0.3%, 24시간 후 블리딩률은 0.0% 이하로 제한하여 PT그라우트의 품질을 확보하고 있다.

4.5.2 블리딩 메커니즘

굳지 않은 콘크리트가 타설 후 정지상태에 놓이면 동수역학적인(hydrodynamic) 입자간의 항력이 소멸되어 비중에 따른 구성재료의 분리가 발생하기 시작한다. 상대적으로 비중이 큰 골재와 시멘트 입자는 가라앉고, 이 공간은 가벼운 물이 모이게 된다. 이와 같은 재료분리현상은 정도의 차이는 있지만 모든 콘크리트 배합에서 발생한다. 정지상태의 배합에서 특히 골재의 침강이 많으면 정적 골재분리로 판단하여 해당 콘크리트 배합은 당연히 현장에 적용할 수 없다. 블리딩 또한 그 정도는 비교적 크지 않지만 정적 재료분리현상으로 이해할 수 있다.

자중에 의해 발생하는 구성재료의 침강은 Biot의 공극탄성론(linear poroelasticity)로 분석할 수 있다[51]. 공극탄성론은 다음 수식과 같이 고체의 탄성론을 설명하는 Cauchy 응력(σ)과 Green 변형률(ε)에 간극수압(p)과 단위 부피에 포함되는 간극수의 질량(m)을 추가로 고려한다.

$$\begin{cases} \sigma_{ij} = \lambda \delta_{ij} \varepsilon_{kk} + 2\mu \varepsilon_{ij} - \xi \delta_{ij} p \\ \dfrac{m - m_0}{p_0} = \dfrac{\xi}{K} \dfrac{\sigma_{kk}}{3} + \dfrac{\xi}{KB} p \end{cases} \tag{4.5.1}$$

여기서 λ와 μ는 재료의 탄성거동을 설명하는 Lame 상수[52]이고, $K = (\lambda + 2\mu)/3$는 배수조건에서의 체적탄성계수이다. 참고로 재료의 구속 탄성계수 $M = \lambda + 2\mu$로 계산된다. ξ와 B는 각각 공극에 의한 재료의 탄성계수 변화를 설명하는 Biot 상수와 Skempton 상수[53]이다. 또한 ρ_0와 m_0는 재료의 초기 밀도와 내부 간극수량이다. 그리고 재료 내부에서의 간극수 이동은 Darcy의 법칙을 적용하여 고려한다.

$$\vec{q} = -\rho_0 \frac{\kappa}{\eta} \overrightarrow{\nabla} p \tag{4.5.2}$$

여기서, κ는 재료의 투수계수이고 η는 간극수의 점도이다. 재료의 구성방정식에 Darcy의 법칙을 대입하면 다음과 같은 확산방정식을 구할 수 있다.

$$\nabla^2 p = \frac{1}{c} \frac{\partial p}{\partial t} \tag{4.5.3}$$

위의 식은 굳지 않은 콘크리트에 대하여 구성재료의 탄성계수가 간극의 압축성에 비해 매우 크므로 ξ와 B를 1.0으로 가정하여 유도하였다. 따라서 간극수압(p)의 확산은 재료의 확산계수($c = kM/\eta$)로 설명할 수 있다. 확산방정식의 해는 오차함수(error function, erf)로 구할 수 있다.

그림 4.35는 용기에 놓인 콘크리트에서 발생하는 구성재료의 침강과 그에 따른 블리딩수 층의 분리를 나타낸 것이다. 시간에 따른 배합의 겉보기 수축량 $s(t)$과 블리딩 수위의 변화 $w(t)$는 식 (4.5.3)의 지배방정식을 적용하면 다음과 같이 블리딩현상을 설명할 수 있다.

$$\begin{aligned} s(t) &= -\int_0^h \varepsilon_{zz}(z,t)dz \\ &\approx \int_0^h \frac{\gamma z}{M}\left(1 - erf\left(\frac{z}{\sqrt{4ct}}\right)\right)dz \\ &= \frac{\gamma h^2}{2M}\left(1 - erf\left(\frac{h}{\sqrt{4ct}}\right)\right) + \frac{\gamma ct}{M} erf\left(\frac{h}{\sqrt{4ct}}\right) - \sqrt{\frac{\gamma^2 h^2 ct}{\pi M^2}}\, exp\left(-\frac{h^2}{4ct}\right) \end{aligned} \tag{4.5.4}$$

$$\begin{aligned} w(t) &= s(t) - \int_0^h \frac{m - m_0}{\rho_0} dz \\ &\approx \int_0^h \frac{\gamma z}{M}\left(1 - erf\left(\frac{z}{\sqrt{4ct}}\right)\right)dz - \int_0^h \frac{\gamma z}{M}\left(1 - erf\left(\frac{z}{\sqrt{4ct}}\right)\right)dz \\ &= 0 \end{aligned} \tag{4.5.5}$$

여기서 h는 샘플의 높이이고, γ는 콘크리트의 단위중량이다. 따라서 블리딩의 수위 $w(t)$는 물의 증발을 무시하면 항상 일정하게 유지되므로 배합의 겉보기 수축량 $s(t)$만큼 블리딩이 발생하는 것을 확인할 수 있다.

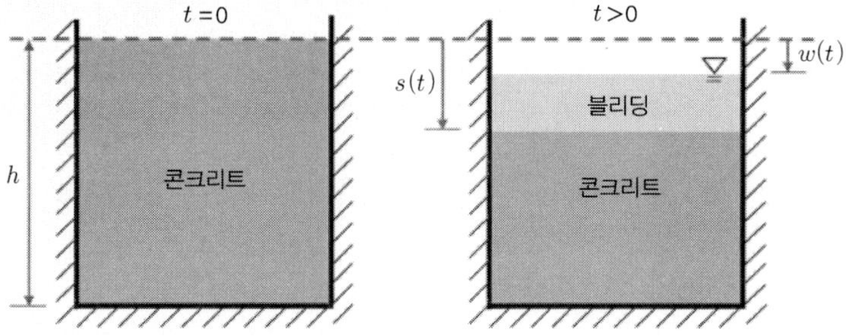

그림 4.35 구성 재료의 침강으로 블리딩 분석

콘크리트 블리딩 메커니즘의 분석을 위해 최근에는 그림 4.36과 같이 레이저 변위계를 이용하여 실험을 자동화하고, 보다 정밀한 측정이 수행되었다[55]. 지름이 150mm, 높이가 200mm인 콘크리트 샘플에 각각 겉보기 수축과 블리딩 수위를 계측하기 위해 특수제작된 프로브를 이용하여 레이저 변위계로 측정하였다.

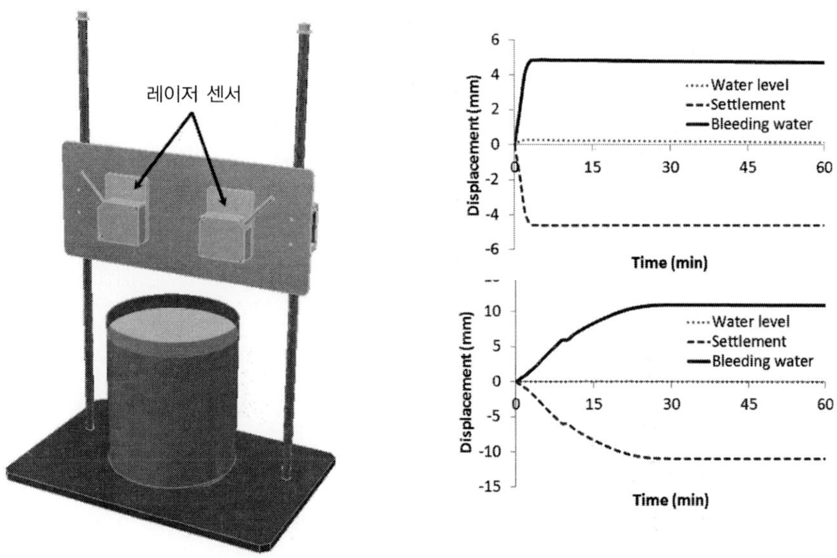

그림 4.36 콘크리트 블리딩의 자동 측정을 위한 시험장치 및 결과

측정 결과, 배합의 종류에 따라 상단 실험 결과와 같이 블리딩이 빨리 발생하는 경우도 있고, 하단과 같이 천천히 발생하는 경우도 있다. 이는 콘크리트 배합의 확산계수(c)에 따른 영향으로 물-시멘트비, 잔골재율, 골재량 등에 따라 결정된다. 또한, 두 측정 결과에서 블리딩 수위(water level)을 식 (4.5.5)에서 확인한 바와 같이 항상 일정함을 확인할 수 있다. 즉 블리딩 발생은 콘크리트 구성재료의 침강에 의해 발생하며, 그 양은 겉보기 수축량(settlement)과 같다. 최종 수렴값인 총 블리딩량은 콘크리트의 구속 탄성계수(M)에 의해 결정되며, 여기서 블리딩수가 약 5mm인 배합은 구속 탄성계수가 6.9kPa, 약 12mm인 배합은 5.7kPa로 추정된다. 이는 경화된 콘크리트에 비해 훨씬 작은 값으로 응결 전 미세구조의 역학적인 저항이 없는 상태에서 배합의 탄성계수이다.

4.5.3 침하균열 발생

굳지 않은 콘크리트에서 블리딩이 발생한다는 것은 앞서 확인한 바와 같이 구성재료의 침강이 발생함을 의미한다. 만약 구성재료의 침강이 방해를 받으면 그림 4.37과

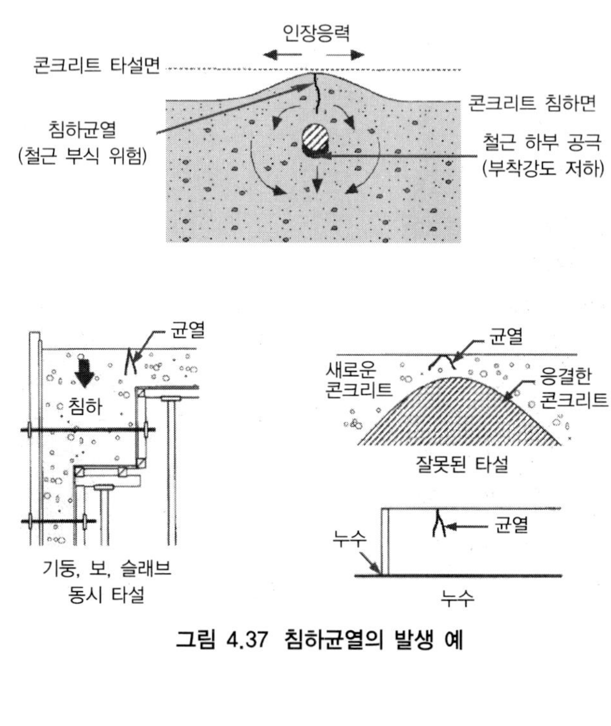

그림 4.37 침하균열의 발생 예

같이 침하균열이 발생한다. 겉보기 콘크리트면의 침하가 콘크리트 전부분에 걸쳐 동일하게 발생한다면 문제되지 않으나 철근 등 기타 매설물이 있는 경우 부재 단면의 높이가 급격히 변하는 경우, 타설 시 잠시 멈추어 콘크리트의 응결이 급격히 일어난 경우 등에서 침하균열이 발생한다. 또한, 거푸집에 누수가 발생하는 경우에도 구성재료의 침강이 부분적으로 빨라져 침하균열이 발생할 수 있다.

침하균열에 대한 정량적인 평가 역시 앞서 설명한 공극탄성론을 이용하여 침하량(겉보기 수축량)을 산정하고, 부등침하로 인한 콘크리트 표면부 인장응력이 인장강도를 초과하는지 균열지수로 판단한다. 그림 4.38은 철근의 간섭을 고려한 콘크리트 침하량을 측정하는 실험으로 콘크리트 블리딩 자동 측정장치와 같이 레이저 변위계를 이용하여 침하량을 측정하고 있다[56].

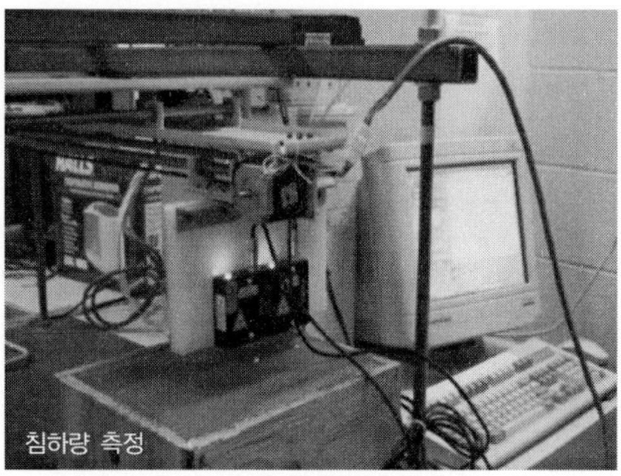

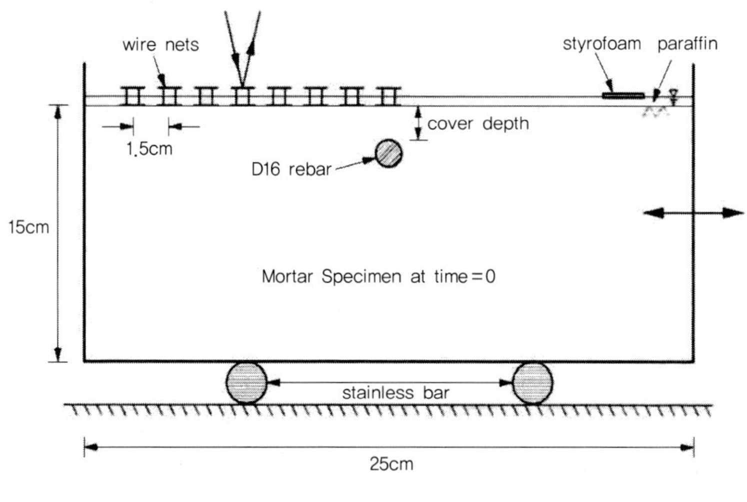

그림 4.38 굳지 않은 콘크리트의 침하량 측정 실험

그림 4.39는 철근 간섭에 의한 침하량의 차이를 그래프로 나타낸 것이다. 철근 위에 위치한 콘크리트 배합은 다른 부분에 비해 침하가 거의 발생하지 않음을 확인할 수 있다.

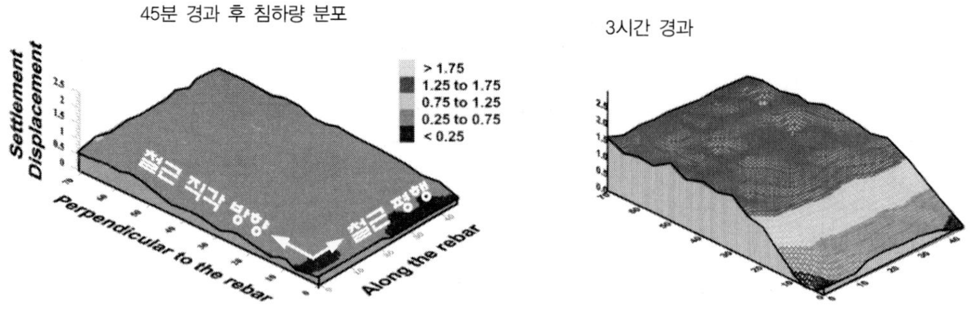

그림 4.39 철근 간섭에 의한 부등침하량 측정 결과

침하균열 여부를 판단하기 위한 부등침하량에 따른 인장응력 산정은 지배방정식 (4.5.1)을 적용하여 구할 수 있다. 상용 유한요소해석 프로그램을 사용하여 배합의 압밀해석을 수행하면 침하량은 굳지 않은 콘크리트의 탄성계수(elastic modulus)와 투수계수(permeability)로 결정된다[55]. 그림 4.40은 철근 위치에서의 침하량 분포 해석결과를 나타낸 그래프이다. 시간이 지남에 따라 철근 상부와 다른 부분의 부등침하량이 커지고, 이로 인해 철근 상부에 인장응력이 증가함을 확인할 수 있다. 또한 철근 하부에는 구성재료의 침강이 발생하여 공극이 발생하는 변형 형상이 확인되었다. 이러한 공극은 블리딩수로 채워져 있어서 콘크리트 경화 후에는 철근 부착에 영향을 주는 내부 블리딩 문제를 야기한다.

이와 더불어 소성수축(plastic shrinkage)도 굳지 않은 콘크리트의 초기 품질을 저하시키는 현상이다[57]. 굳지 않은 콘크리트에서 부재 상부에 모인 블리딩수의 증발은 표면을 건조시키고, 메니스커스가 형성되어 모세관압력이 발생한다. 모세관압력은 콘크리트 표면부에 부압력을 발생시켜 소성수축이 유발된다. 소성수축균열은 슬래브와 같이 부피에 비해 표면적이 큰 부재의 표면에 주로 발생하고, 거북이 등딱지 모양으로 넓게 분포한다. 소성수축균열은 표면에만 국한된 균열이 아니라 표면으로부터 상당한 깊이까지 진전될 수도 있다. 이러한 소성변형과 관련된 시공성능 문제도 정량적인 예측을 통해 품질 제어가 필요한 분야이다.

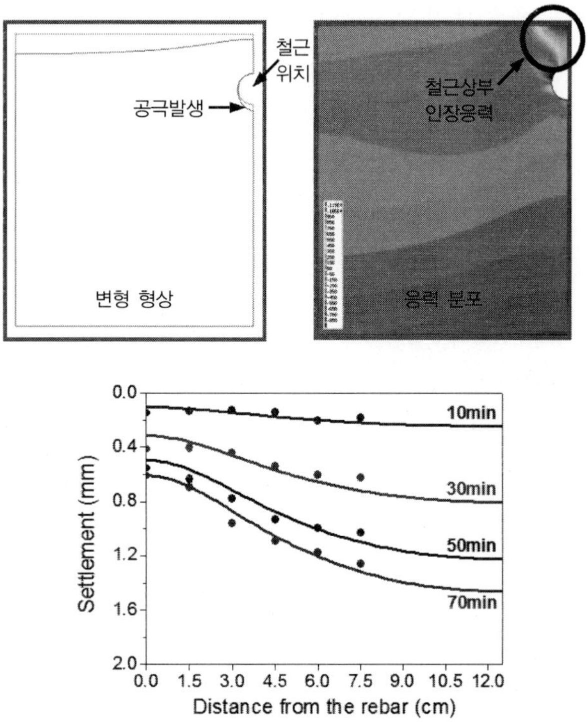

그림 4.40 철근 간섭에 의한 부등 침하량 해석 결과

4.6 섬유분산성 및 방향성 예측

1910년 콘크리트의 취성적인 성질을 개선할 목적으로 콘크리트에 짧은 길이의 강섬유를 사용하는 실험적 연구 기록과 특허가 등록된 이래, 1960년대 초 미국을 중심으로 강섬유보강 콘크리트에 대한 본격적인 연구가 시작되었으며, 전 세계적으로 유리섬유, 합성섬유, 천연섬유보강 콘크리트에 대한 수많은 연구가 진행되고 있다[58]. 잘 알려진 바와 같이 섬유보강 시멘트계 재료의 성능은 매트릭스의 강도, 섬유의 종류, 탄성계수, 형상, 강도, 방향성, 골재 크기 등 여러 요인에 의해 결정되는데, 섬유보강 콘크리트에 대한 연구가 약 100년 이상 수행되어 역학적 성능 등 우수한 것이 입증되었음에도 불구하고 현장 적용에 한계가 있는 이유는 섬유를 균일하게 분포시키고 이를 평가하는 기술의 부재 때문이다. 일반 콘크리트와 비교했을 때, 섬유보강 시멘트 복합체에서 굳기 전 상태의 유동특성이 경화 후 시멘트 복합체의 역학적 거동특성에 미치는 영향은 훨씬 더 크다고 볼 수 있다. 즉 굳기 전 유동상태에 따라 섬유의 분포 특성이 다르게 되어 섬유보강효과에 차이가 발생하게 되고, 결과적으로 섬유보강 시멘트계 재료의 역학적 거동특성, 특히 인장거동 특성에 크게 영향을 미친다. 이처럼 섬유보강 시멘트계 재료의 유동특성은 섬유의 분산성 및 방향성에 영향을 주는 가장 중요한 인자임에도 불구하고, 유동특성에 기반한 섬유보강 시멘트 복합체의 섬유 분산성 및 방향성에 대한 정량적인 평가 및 예측기술은 아직 확립되지 못하고 있는 실정이다. 지금까지의 관련 연구들을 살펴보면, 섬유의 분산성 및 방향성에 대한 사전 예측이기 보다는 대부분 굳지 않은 상태의 다양한 레올로지 특성 또는 유동 흐름에 따라 섬유보강 재료가 제작된 후 섬유의 분산성 및 방향성이 어떻게 변화하는지에 대한 실험적 연구와 이로 인한 경화 후 역학적 거동특성의 변화를 비파괴 또는 파괴실험을 통해 평가하는 수준에 머물러 있었으며, 최근에 들어서야 섬유보강 시멘트계 재료의 레올로지 특성에 따른 섬유의 침전으로 인한 섬유의 분산성 변화나 유동 흐름 특성에 따른 섬유의 방향성 분포 변화와 같은 문제를 미리 예측할 수 있는 관련 연구가 발표되고 있다.

이 장에서는 섬유보강 시멘트계 재료에서 레올로지 및 유동 흐름 특성을 고려한 섬유의 분산성 및 방향성 예측과 관련한 현재까지의 기술현황을 기술하였다.

4.6.1 섬유분산성과 유동특성

전술한 바와 같이 섬유보강 시멘트계 재료의 역학성능은 섬유 분산 정도에 영향을 받으며, 섬유가 균일하게 분산되지 못한 경우 복합재료의 성능은 이론적으로 예측한 역학성능보다 떨어진다. 최근 섬유 분포 특성을 평가할 수 있는 다양한 기법이 개발되고 있으며, 개발한 기법을 통하여 매트릭스의 유동특성에 따른 섬유의 분포특성에 관한 연구가 활발히 진행되었다. 표 4.4는 섬유 종류별 섬유분포 특성을 평가할 수 있는 기법을 정리한 것이다.

Ozyurt et al.[59]은 고성능 감수제와 증점제의 사용량을 변화시켜서 서로 다른 유동특성을 가진 섬유보강 콘크리트에 대해 진동다짐의 정도를 달리 적용한 경우에 대해 AC-IS(Alternating current-impedance spectroscopy)를 이용하여 섬유의 침전에 따른 섬유의 분산성을 평가하였으며, 쪼갬인장강도를 비교하여 섬유보강 콘크리트에서 섬유의 분산성이 역학적 특성에 미치는 영향을 비교하였다[59]. 그림 4.41은 배합 및 진동다짐의 변화에 따른 위치별로 검출된 섬유함유량을 비교하여 나타낸 것으로 배합특성에 따라, 그리고 진동다짐 정도에 따라 깊이별로 섬유의 침강에 따른 함유량의 변화가 발생한 것을 확인할 수 있다.

위와 같은 실험방법에 의한 섬유의 재료분리현상 평가 외에도 유동흐름에 따라 섬유의 재료분리현상에 관한 실험도 이루어지고 있으며, 그림 4.42는 섬유의 분산성 평가에 관한 여러 가지 실험방법들을 보여주고 있다[60].

최근 연구에 따르면 섬유의 분산에 영향을 미치는 주요 인자로 굳기 전 매트릭스의 점성인 것으로 보고되고 있다[61, 62]. 그림 4.43은 매트릭스의 점성과 인장 변형 성능의 상관관계를 나타내고 있다. 사용 재료 및 배합이 동일한 조건에서 증점제의 양을 조절하여 모르타르의 점성만을 변화시킨 후 섬유분포와 인장변형 성능을 조사한 결과, 매트릭스의 점성이 증가할수록 섬유분산성이 향상되고 그에 따라 인장변형 성능이 향상되는 것으로 나타났다. 즉 매트릭스의 점성이 7Pa · s 이하일 때는 모르타르의 점성이 증가함에 따라 변형성능이 증가하다가 7Pa · s 이상일 때 모르타르의 점성에 관계없이 변형성능이 3% 정도로 균일하게 나타났다. 또한 섬유분산성 계수 또한 동일한 패턴을 보였다. 결국 섬유의 분포가 인장거동에 영향을 미치지 않게 하기 위해서는 모르타르의 점성이 특정 점성 이상이 되어야 한다는 것을 의미한다. 이는 자기충전 콘크리트에서 재료분리를 방지하기 위하여 일반 콘크리트에 비하여 모르타르의 점성을 높이는 것과 동일한 원리이다. 결국 자기충전 콘크리트에서 고유동성을 확보하면서 재료분리를 방지하기 위하여 레올로지 이론에 따른 점성을 제어하였듯이 섬유보강 시멘트계 재료의 균일한 섬유분산을 얻기 위해서는 레올로지 측면에서 접근하여야 한다.

현재 연구된 결과로부터 섬유보강 시멘트계 재료의 균일한 섬유분산을 확보하기 위한 절차는 재료 혼합단계에서 충분한 혼합 에너지(혼합속도 및 혼합시간)를 가하여 섬유가 매트릭스 내에 균일하게 분포하도록 하고, 동시에 매트릭스의 점성을 특정 값 이상으로 제어하여 타설방법(타설속도, 타설방향) 및 구조물의 형상에 따라 재료가 흘러가면서 섬유의 재료분리가 방지되도록 하여야 한다.

최근 섬유분산성에 대한 사전예측을 위한 기술 개발 시도로써 전산유체역학(computational fluid dynamics) 코드를 이용하여 하나의 섬유가 매트릭스 안에서 침전

되는 것을 모사하는 연구가 진행되었으며, 해석을 통해 섬유보강 시멘트계 재료의 유동특성에 따른 섬유분산특성 및 유동특성에 대한 사전예측 가능성이 확인되었다(그림 4.44)[63].

표 4.4 **섬유 종류별 적용 가능한 분포 특성 평가 기법**

	고전도성 섬유		저전도성 섬유	
	강섬유	탄소섬유	유리섬유	합성섬유
영상분석	평가 가능	평가 가능	평가 가능	평가 가능
X-선	평가 가능	평가 불가	평가 불가	평가 불가
AC-IS	평가 가능	평가 가능	Impractical	평가 어려움

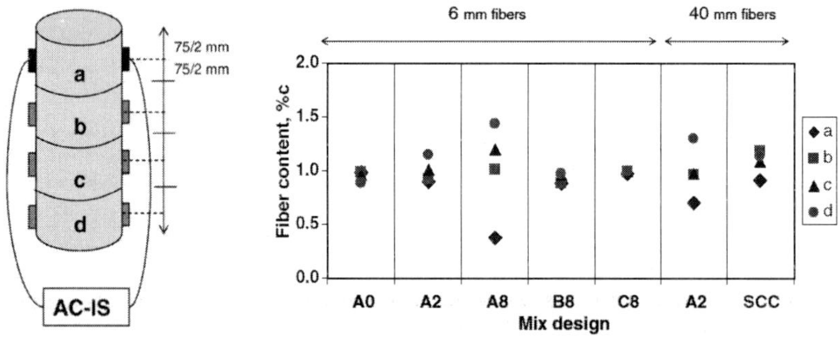

(a) AC-IS 측정 (b) 배합 및 진동다짐 변화에 따른 섬유함유량 분포

그림 4.41 매트릭스 점성과 인장 변형 성능과의 관계

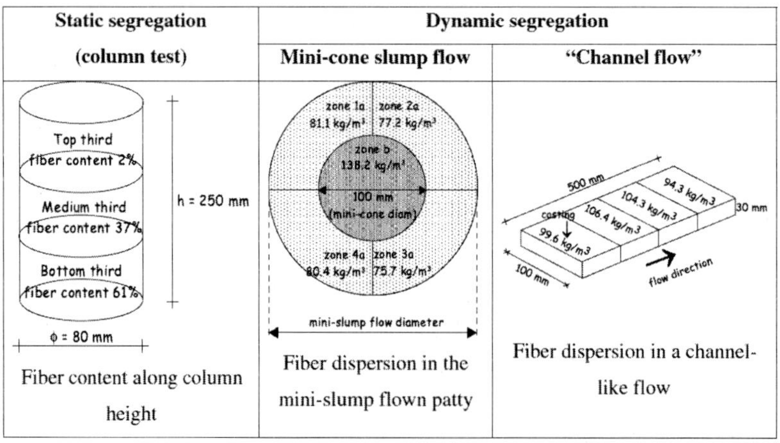

그림 4.42 섬유의 분산성 평가와 관련한 여러 가지 실험 방법 및 결과

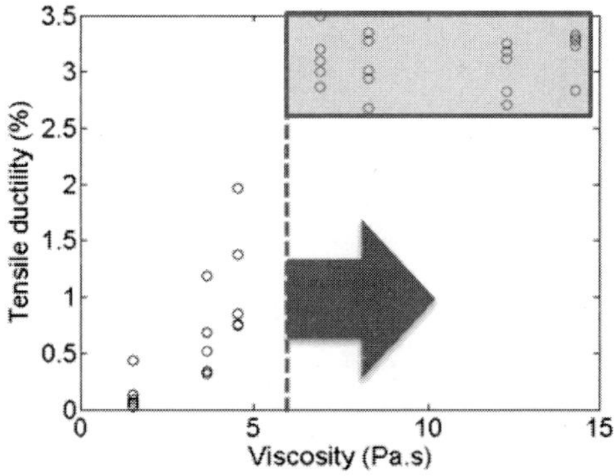

그림 4.43 매트릭스 점성과 인장 변형 성능과의 관계

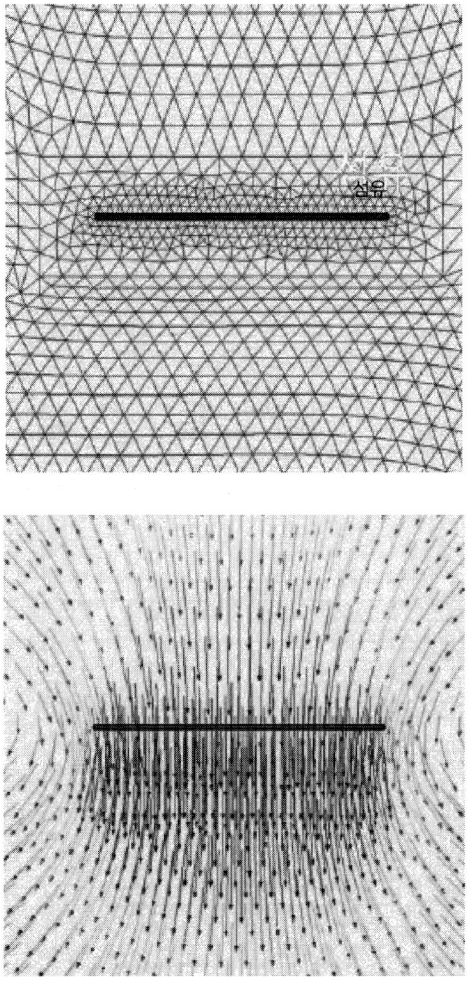

그림 4.44 섬유 침전 해석을 위한 모델링

4.6.2 섬유방향성과 유동특성

섬유보강 시멘트 복합체에서 섬유의 방향성은 복합체의 인장거동 특성을 결정하는 가장 중요한 영향인자라고 할 수 있다. 따라서 연속섬유 또는 불연속섬유에 대해 섬유의 방향성이 역학적 거동에 어떻게 영향을 미치는지 밝히기 위한 많은 연구가 이루어져 왔다. 불연속섬유를 혼입한 기존의 섬유보강 콘크리트에서는 굵은골재의 영향이 상대적으로 미미하게 나타나기 때문에 섬유방향성의 영향을 타설방법 등에 민감하게 작용하지 않고, 다만, 부재의 크기 등에 따른 2차원, 3차원 배열 특성에 따른 영향 정도로 국한되어 평가되었다. 하지만 굵은골재의 크기가 작은 자기충전 콘크리트나 굵은골재를 전혀 사용하지 않는 최근의 고성능 시멘트 복합체에서는 섬유의 방향성 분포 특성이 레올로지 특성과 타설 방법 및 유동 흐름 등에 크게 영향을 받기 때문에 이에 대한 연구가 다수 진행되고 있다.

그림 4.45는 서로 다른 타설방향으로 각각 제작된 슬래브에 대해 4점 재하 휨 실험으로 고성능 시멘트 복합체의 타설방향에 따라 인장거동에 미치는 영향을 검토한 결과로써 슬래브 A와 슬래브 B의 위치에 따른 휨거동이 확연히 차이나는 것을 확인할 수 있다.

섬유보강 시멘트계 재료에서 섬유방향성 분포특성의 영향은 대부분 경화 후 실험체 내부에 존재하는 섬유분포 분석과 인장거동 특성 평가를 위한 실험을 통해 이루어져 왔으며, 경화 전 또는 구조물의 설계 단계에서 섬유의 방향성 분포 및 이에 따른 인장거동을 예측하고 반영하는 기술 연구는 거의 없다가 최근 들어 관심이 늘어나고 있다. 일례로 섬유의 방향성과 섬유보강 시멘트계 재료의 유동특성과의 밀접한 관련성을 고려하여 유동특성으로부터 섬유방향성을 예측하는 연구가 수행된 바 있다[64]. 그림 4.46은 유동에 따른 섬유방향성 예측과 예측결과를 토대로 한 역학적 특성의 예측결과를 실험결과와 비교한 것이다. 그림 4.46(a)에서 보듯이 섬유보강 시멘트계 재료를 방사형으로 타설하여 슬래브를 제작하였고, 슬래브의 각 부분을 절단하여 휨인장 실험을 수행하였다. 섬유의 방향성 예측에 기반한 역학적 특성의 예측은 실제의 거동과 매우 유사하며, 이 예측 기술은 정확성을 입증하였다.

최근에는 섬유보강 시멘트계 재료에서 유동흐름에 따른 섬유방향성 변화가 흐름 시작 후 짧은 시간 내에 대부분 발생한다는 것을 실험 및 해석을 통해 밝히고 있으며

[65], 시멘트계 재료의 점성과 같은 레올로지 특성과 섬유 상호간 간섭효과 등을 고려한 유동거리와 섬유방향성의 관계를 도출하기도 하였다[66].

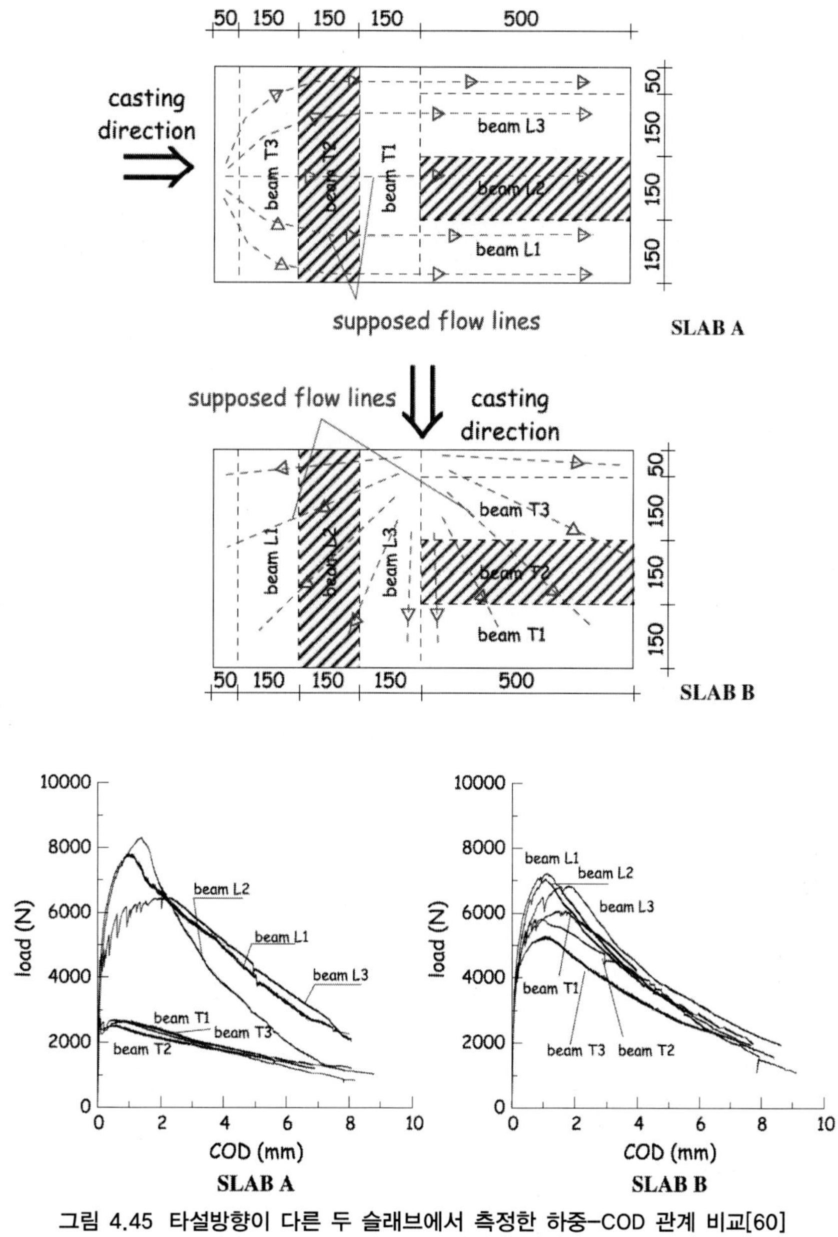

그림 4.45 타설방향이 다른 두 슬래브에서 측정한 하중-COD 관계 비교[60]

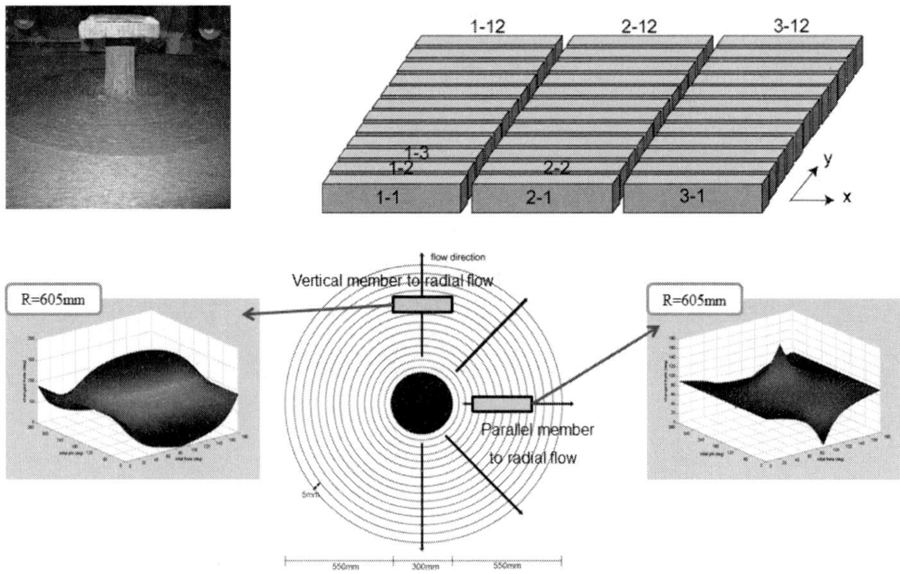

(a) 섬유보강 시멘트계 재료의 제작방법에 따른 섬유방향성 예측

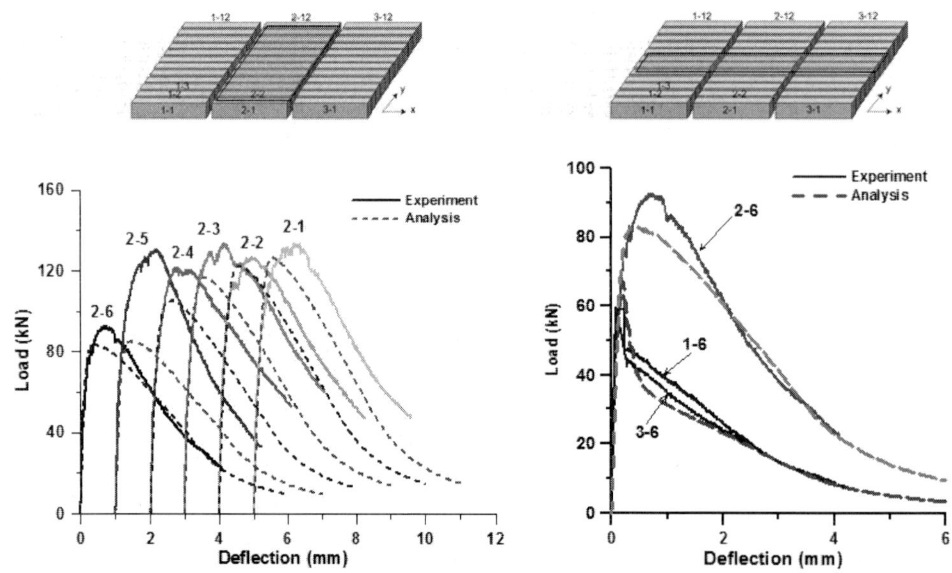

(b) 섬유방향성 예측에 따른 역학적 특성 예측 및 실험결과와의 비교

그림 4.46 섬유보강 시멘트계 재료의 섬유방향성 예측 및 검증[64]

그림 4.47은 시멘트계 재료의 레올로지 특성을 고려하여 전단흐름에서 유동거리에 따른 섬유방향성 분포의 예측값과 실측값을 비교하여 나타낸 것으로 재료의 레올로지 특성을 고려한 섬유방향성 변화의 예측이 가능함을 보여주고 있다.

이상과 같이 섬유보강 시멘트계 재료의 레올로지 특성을 고려하여 타설과정에서의 섬유방향성 변화의 예측과 이로 인한 역학적 거동의 예측에 이르기까지 종합적인 예측기술이 개발되고 있는 상황이다. 이와 같은 기술개발을 통해 시공단계에서 미리 사용 상태에서의 섬유보강 콘크리트 구조물의 성능을 정량적으로 예상할 수 있다.

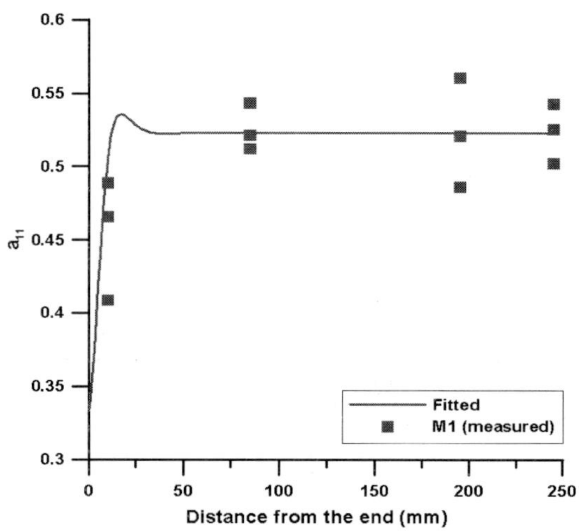

그림 4.47 레올로지 특성을 고려한 섬유방향성 예측

제5장 레올로지 기반 콘크리트 펌핑 설계 방법

5.1 개 요

콘크리트의 레올로지 측정을 통해 펌핑 성능을 정량적으로 예측할 수 있는 기술이 개발되어 실제 시공현장에도 일부 적용되고 있다. 펌핑 성능의 정량적 예측이 가능하다는 것은 설계가 가능하다는 것을 의미한다. 콘크리트의 레올로지 평가 및 펌핑 예측 방법에 대한 내용은 앞의 4장에서 다루었다.

콘크리트의 레올로지를 기반으로 한 정량적 예측 방법이 개발되기 전에는 관내압력 손실, 배관 종류 및 길이 등을 고려한 경험식이나 데이터들의 통계와 경험에 의하여 작성된 노모그래프를 통해 압송압력을 산출하여 펌프를 선정하도록 제안하고 있다. 대부분 콘크리트의 슬럼프값에 대한 배관 내 마찰손실을 고려하여 압송압력을 산정하는 방법이다. 그러나 슬럼프 플로값을 갖는 고유동 콘크리트에 대해서 적용이 어려우며, 동일한 슬럼프값을 갖는 콘크리트라도 점도와 항복응력값이 서로 다르기 때문에 압송압력을 과대 또는 과소평가할 수 있다. 또한 일반적인 건물의 시공에서 수집된 데이터를 토대로 제안된 방법이기 때문에 초고층 빌딩이나 장대교량과 같이 장거리 펌핑을 하는 대형 건설현장에 적용하기에는 한계가 있다.

콘크리트 펌핑 설계를 위해 펌핑과 관련된 여러 가지 인자 및 요소기술이 필요하다. 그동안 여러 연구자에 의해 요소기술에 대한 개발이 이루어졌으며, 현재까지도 지속적으로 개선되고 있다. 본 5장에서는 최근에 제안된 콘크리트 펌핑 설계 방법에 대한 내용을 서술하였다.

5.2절에서는 기존의 정성적 예측에 의한 압송압력 산정 방법과 레올로지를 기반으로 한 펌핑 설계 방법에 대하여 서술하였고, 5.3절에서는 콘크리트 펌핑 설계에 필요한 요소기술들에 대해 소개하였으며, 5.4절에서는 콘크리트 펌핑 설계 방법 예를 소개하고자 한다.

5.2 콘크리트 펌핑 설계 방법

5.2.1 정성적 예측에 의한 압송압력 산정 방법

(1) 경험식에 의한 압송압력 산정 방법

① 한국콘크리트학회

한국콘크리트학회 콘크리트 표준시방서[67]에서는 콘크리트를 펌프압송할 때 소요되는 압송압력은 유사한 현장의 실적이나 펌프압송 실험을 통해 결정해야 한다고 명시되어 있으며, 일반적으로 다음의 식 (5.2.1)을 적용하여 최대압력을 산정할 수 있다고 제시하고 있다

$$P_{max} = (\text{수평배관 1m당 관내압력손실}) \times (\text{수평 환산거리}) \tag{5.2.1}$$

여기서, P_{max}는 콘크리트 펌프압송에 소요되는 최대 압송압력이다.

수평배관 1m당 관내압력손실은 콘크리트 종류, 토출량, 배관의 직경에 의해 결정되며, 굵은골재의 최대치수가 20mm와 25mm일 경우 표 5.1을 적용할 수 있으며, 40mm일 경우는 10% 할증하여 적용하도록 제시하고 있다.

수평 환산거리는 수직배관, 테이퍼관, 곡관, 가요성 호스에 대해 제시된 표 5.2를 이용하여 계산할 수 있다. 표 5.2에서 테이퍼관은 배관 직경이 감소하는 관을 의미하며, 가요성 호스는 배관의 방향을 자유롭게 바꿀 수 있는 관으로써 일반적으로 토출

부에서 콘크리트 배출장소의 이동을 용이하게 하기 위해 많이 사용된다. 식 (5.2.1)로부터 계산된 최대 압송압력이 콘크리트 펌프의 최대이론토출압력 80% 이하이면 압송이 가능하다고 제시하고 있다. 또한, 굵은골재의 최대치수에 따른 압송배관의 최소 직경을 표 5.3과 같이 제시하고 있다.

표 5.1 **콘크리트 압송배관의 관내압력손실값($\times 10^{-1}$MPa/m)[67]**

토출량 (m^3/h)	배관 직경 / 슬럼프 (mm/mm)					
	150 / 120	150 / 80	125 / 120	125 / 80	100 / 120	100 / 80
10	0.050	0.065	0.085	0.100	0.120	0.150
20	0.065	0.080	0.105	0.125	0.160	0.195
30	0.080	0.100	0.125	0.155	0.200	0.240
40	0.100	0.120	0.150	0.185	0.245	0.290
50	0.120	0.145	0.180	0.215	0.290	0.340
60	0.140	0.170	0.215	0.250	0.340	0.390

표 5.2 **콘크리트 압송배관의 배치에 따른 수평 환산거리[67]**

항목	단위	호칭치수(mm)	수평 환산거리(m)
상향 수직관	1m당	100	3
		125	4
		150	5
테이퍼관	1m당	127 → 102	3
		152 → 127	
		178 → 152	
곡관	1개당	90° γ=0.5m	6
		γ=1.0m	
가요성 호스 (flexible hose)	길이 5m ~ 8m 한 개당		20

표 5.3 **굵은골재의 최대치수에 따른 압송배관의 최소호칭치수[67]**

굵은골재의 최대치수 (mm)	압송배관의 호칭치수 (mm)
20	100 이상
25	100 이상
40	125 이상

② 일본건축학회

일본건축학회의 지침[68]에서는 다음의 식 (5.2.2)에 의해 압송부하를 산출하고, 산출된 값의 1.25배 이상 용량의 펌프를 선정하여 사용할 것을 제안하고 있다.

$$P = K(L + 3B + 2T + 2F) + 0.01 \times WH \qquad (5.2.2)$$

여기서, P는 콘크리트 펌프에 가해지는 압송부하(MPa), K는 수평배관의 관내압력손실계수(MPa/m), L은 직선관의 길이(m), B는 곡관의 길이(m), T는 테이퍼관의 길이(m), F는 주름관의 길이(m), W는 굳지 않은 콘크리트의 단위질량(kg/m^3), H는 압송 높이(m)이다.

식 (5.2.2)를 살펴보면, 콘크리트 펌프에 가해지는 압송부하는 배관 내 마찰저항과 수직배관의 길이에 대한 콘크리트 자중과의 합으로 산출된다는 것을 알 수 있다. 마찰저항은 수평배관 1m당 관내압력손실 K와 배관의 수평환산길이의 곱으로 정해지며, 식 (5.2.2)에서 곡관(B), 테이퍼관(T), 주름관(F) 앞의 숫자 3, 2, 2는 각각 배관의 수평환산계수를 의미한다.

관내 압력손실계수 K는 배관 직경, 토출량, 슬럼프 값과 관련된 인자이다. 일본건축학회에서는 일반강도 콘크리트의 경우 슬럼프가 결정되면 배관 직경 및 토출량에 따른 K값을 추정할 수 있도록 제시하였다. 그림 5.1과 그림 5.2는 각각 배관 직경 102mm(4 inch)와 127mm(5 inch)에 대해 일본건축학회에서 제시한 수평배관 1m당 관내압력손실계수 K값을 나타낸 것이다. 하지만 최근에 많이 사용되고 있는 고유동, 고강도 콘크리트에 적용하기에는 어려움이 있으며, 반드시 실험을 통해 관내 압력손실계수 K값을 구하여 사용하도록 제안하고 있다.

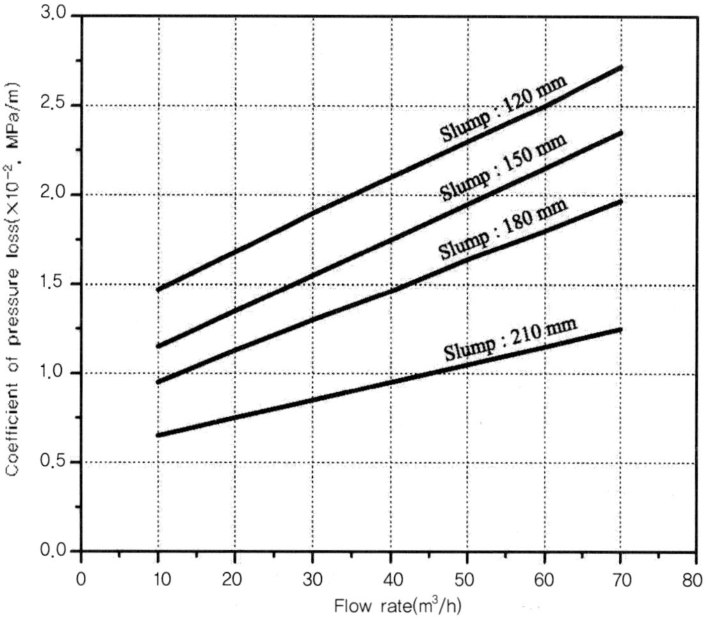

그림 5.1 수평배관 1m당 관내 압력손실계수(직경 102mm)[68]

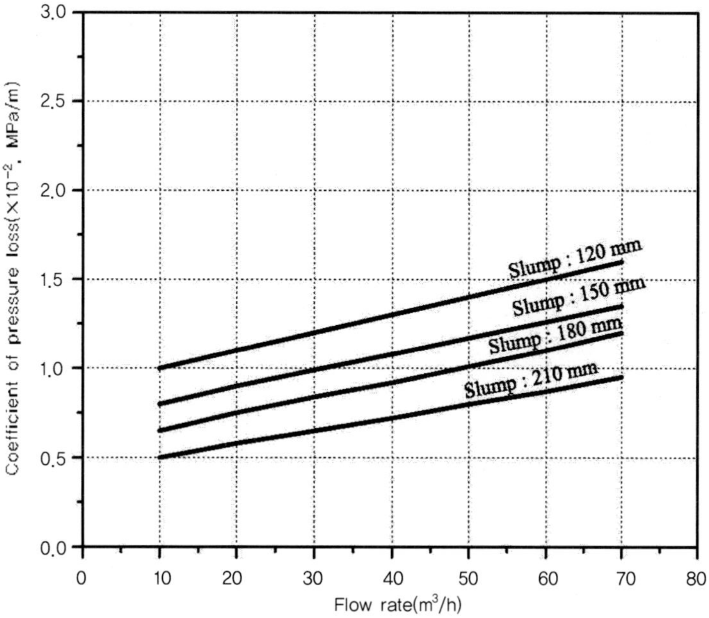

그림 5.2 수평배관 1m당 관내 압력손실계수(직경 127mm)[68]

(2) 노모그래프를 이용한 압송압력 산정 방법

미국 콘크리트학회와 콘크리트 펌프 제조사에서는 압송압력 산출을 위해 기존 데이터들의 통계와 경험에 의하여 작성된 노모그래프를 이용하는 방법을 제안하였다[69-70]. 그림 5.3과 그림 5.4는 각각 미국 콘크리트학회와 펌프 제조사에서 제안하고 있는 노모그래프를 나타낸 것이다. 두 가지 모두 연직좌표계에 표시되어 있는 콘크리트의 토출량 결정에서부터 시작한다. 미국 콘크리트학회에서 제안하는 노모그래프를 이용해 압송압력을 결정하는 과정은 다음과 같다. 미리 결정된 토출량이 표시된 연직좌표계에서부터 오른쪽으로 수평선을 그어 배관직경을 결정한 후, 다시 수직으로 선을 내려 배관길이에 해당하는 선과 만나게 한다. 배관길이에 해당하는 지점에서부터 왼쪽으로 수평선을 그어 콘크리트 슬럼프값에 해당하는 직선과 만나게 한 후, 다시 수직으로 선을 그어 수평좌표계와 만나는 값이 압송압력값이 된다. 펌프 제조사에서 제안하는 노모그래프도 동일한 방법을 통해 압송압력을 산정할 수 있으며, 미국 콘크리트학회의 노모그래프와 다른 점은 배관길이와 슬럼프값의 위치가 그래프의 아래쪽에서 반대쪽에 자리하고 있다는 점이다.

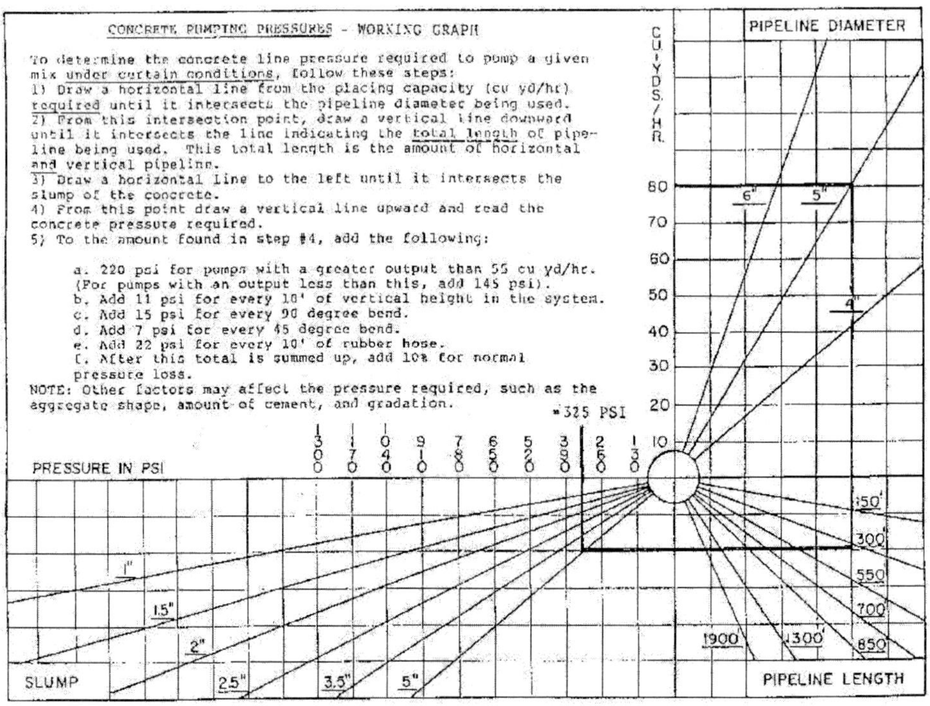

그림 5.3 미국 콘크리트학회에서 제안하는 노모그래프[69]

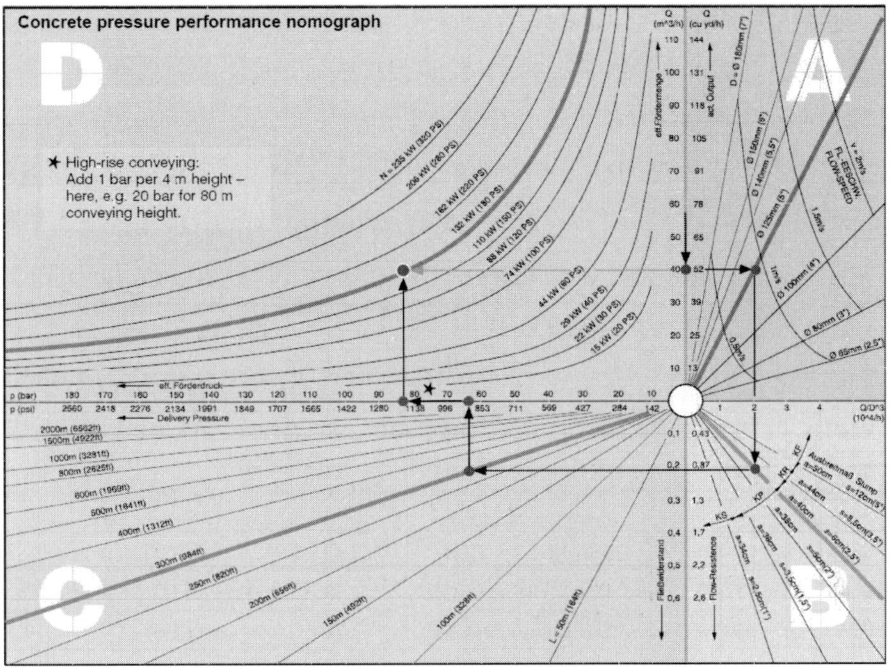

그림 5.4 콘크리트 펌프 제조사에서 제안하는 노모그래프[70]

5.2.2 레올로지 기반 펌핑 설계 방법

콘크리트 펌핑 설계를 위해서는 여러 가지 인자와 요소 기술이 필요하다. 콘크리트 펌핑 설계 관련 인자 및 요소기술들의 목록은 다음과 같다.

① 콘크리트의 배관 내 유동 메커니즘

② 펌핑 성능의 정량적 예측 방법

③ 콘크리트와 윤활층의 유동특성이 펌핑 성능에 미치는 영향

④ 콘크리트와 윤활층의 유동특성 평가 방법

⑤ 펌프압송 장비(펌프, 배관)

⑥ 펌핑 성능 예측 정확도

⑦ 펌핑 중 콘크리트의 유동특성 변화

⑧ 현장 펌프운영 관리를 위한 콘크리트 펌프 실린더의 충전율 모델[72]

⑨ 혼화재료 사용을 통한 콘크리트의 펌프압송 성능 조절[73]

⑩ 콘크리트와 윤활층의 점도 관계[71]

⑪ 콘크리트의 펌프압송 성능 품질관리를 위한 실험 방법[71]

콘크리트 펌핑 설계 관련 인자 및 요소기술들을 구조물 설계 과정에서의 하중조건, 구조해석, 단면력 산정(모양, 크기, 철근배근), 시공법 제안과 유사하게 각각에 해당하는 항목들과 매칭하면 그림 5.5와 같다.

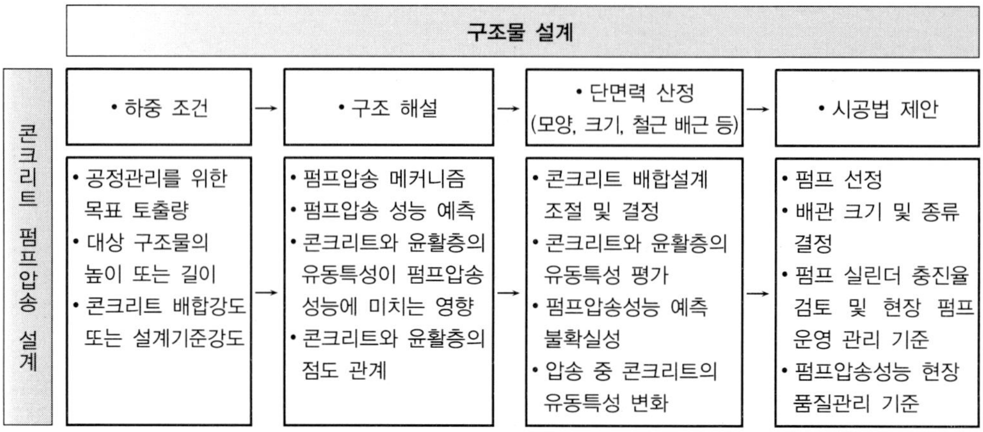

그림 5.5 콘크리트 펌프압송 설계 관련 인자 및 요소기술[71]

공정관리를 위한 목표 토출량, 대상 구조물의 높이 또는 길이, 콘크리트 배합강도 또는 설계기준강도는 구조물 설계에서의 하중 조건, 구조물의 크기, 용도 등과 마찬가지로 펌핑 시공 전에 필수적으로 정해지는 조건이다.

구조물 설계에서의 구조 해석 과정에 해당되는 콘크리트 펌핑 설계 관련 인자 및 요소기술들은 콘크리트 펌프압송 메커니즘, 펌핑 성능 예측, 콘크리트와 윤활층의 유동특성이 펌핑 성능에 미치는 영향, 콘크리트와 윤활층의 점도 관계이다. 펌프압송 메커니즘은 압력을 받은 상태에서 배관 내 콘크리트의 유동이 어떻게 되는지에 대한 것으로 외부 하중에 대한 구조 요소(보, 기둥)의 거동을 이해하는 것과 비슷한 개념이라고 볼 수 있다. 펌핑 성능 예측은 구조 계산 과정에 해당한다. 콘크리트와 윤활층의 유동특성이 펌핑 성능에 미치는 영향은 대상 구조물이 압축력, 인장력 또는 휨모멘트 등 어떤 하중에 대해 가장 크게 영향을 받는지에 대해 검토하는 것과 유사한 개념이다. 콘크리트와 윤활층의 점도 관계는 구조물의 기본해석에서 재료의 탄성계수와 푸아송비(Poisson's ratio)와 같은 재료특성이 필요하듯이 콘크리트 펌핑 설계에서 배합설계에 반영될 유동특성 범위 및 소요압력 산정을 위해 필수적으로 알아야 될 재료특성이라고 할 수 있다.

콘크리트 배합설계 조절 및 콘크리트와 윤활층의 유동특성 평가, 펌핑 성능 예측 불확실성, 그리고 압송 중 콘크리트의 유동특성 변화는 주어진 조건(대상 구조물의 높이, 목표 토출량)에 대해 펌핑 성능을 예측하는 과정으로 구조물 설계에서 안전성을 확보할 수 있는 단면의 크기와 모양, 철근배근을 결정하는 과정에 해당한다. 콘크리트 펌핑 성능 예측 결과는 항상 불확실성을 가지고 있기 때문에 불확실성의 범위를 고려하여 설계에 반영된 것이며, 압송 중 콘크리트의 유동특성 변화는 예측의 정확도를 향상시키기 위해 반영된 것이다.

구조물 설계에서의 시공법 제안에 해당되는 요소기술들은 압송장비 선정(펌프 및 배관 직경), 그리고 충전율 검토를 통한 현장 펌프운영 관리기준 제시, 콘크리트 펌프압송 성능 현장 품질관리 기준 제시이다. 펌핑 설계가 제대로 이루어지더라도 현장에서 콘크리트 품질관리와 펌프운영을 통한 압송효율 관리가 적절하게 이루어지지 않으면 구조물의 성능과 공정관리에 차질이 있을 수 있기 때문에 설계과정에 포함되었다.

앞에서 언급한 요소기술들을 종합한 콘크리트 펌핑 설계 흐름도를 그림 5.6에 나타내었다. 그림 5.6의 콘크리트 펌핑 설계 과정을 요약하면 다음과 같다. 시공 전에 대상 구조물의 펌프압송 조건(길이 또는 높이, 목표 토출량, 콘크리트 설계기준강도)는 미리 정해진다.

① 펌핑 조건 파악 : 대상 구조물의 길이 또는 높이, 공정관리를 위한 목표 토출량, 콘크리트의 배합강도 또는 설계기준강도
② 콘크리트와 윤활층의 점도관계를 이용한 압송압력 예측
③ 압송 조건을 만족시키는 콘크리트와 윤활층의 점도 범위 산정(5.3.4절 참조)
④ 설계기준강도와 ③에서 산정된 점도를 고려한 콘크리트 배합설계
⑤ 배합설계된 콘크리트에 대한 유동특성 평가(콘크리트, 윤활층)
⑥ 펌핑 성능 예측(예측 불확실성, 압송 중 콘크리트의 유동특성 변화 고려)
⑦ 펌핑 조건 만족 여부 확인
⑧ 배합 선정 또는 배합 조절을 통해 ④에서 ⑦과정 반복
⑨ 펌프 및 배관 치수 선정
⑩ 펌프 실린더의 충전율 검토를 통한 현장 펌프운영 관리기준 설정
⑪ 슬럼프 플로 시험을 통한 현장 콘크리트 펌핑 성능 품질관리 기준 설정

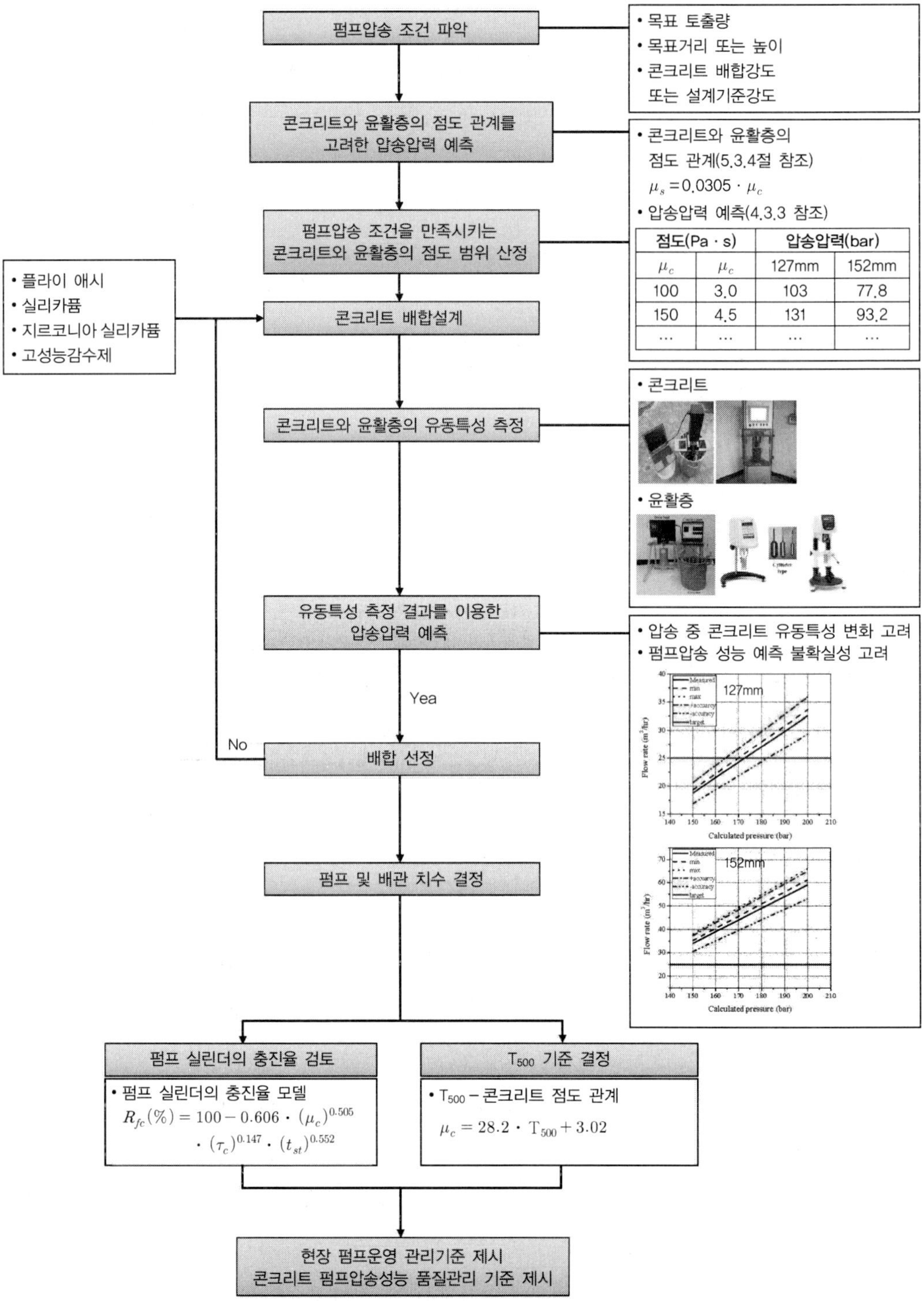

그림 5.6 콘크리트 펌프압송 설계 흐름도[71]

설계 과정 중 두 번째 단계에서 배합설계 이전에 콘크리트와 윤활층의 점도 관계를 이용하여 압송압력을 미리 예측하는 이유는 경제적인 설계를 하기 위함이다. 목표 토출량을 만족시키는 압송압력 및 콘크리트와 윤활층의 유동특성 범위를 미리 산정하면 최적 설계를 위한 기준을 정할 수 있기 때문에 필요 이상의 펌프를 선택하는 일과 배합설계 단계에서 발생하는 시행착오를 줄일 수 있다.

5.3 콘크리트 펌핑 설계 관련 인자 및 요소기술

이 절에서는 콘크리트 펌핑 설계와 관련된 인자 및 요소기술들을 소개하고자 한다. 콘크리트의 배관 내 유동 메커니즘 및 레올로지 평가 방법, 그리고 펌핑 성능의 정량적 예측 방법은 앞의 4장에서 다루었다. 따라서 이 절에서는 콘크리트 펌핑 장비, 펌프 실린더의 충전율 모델[72], 혼화재료 사용을 통한 펌핑 성능 조절[73], 콘크리트와 윤활층의 점도 관계[71], 그리고 슬럼프 플로 시험을 통한 콘크리트 점도 추정 방법[71]에 대해 서술한다.

5.3.1 콘크리트 펌핑 장비

(1) 콘크리트 펌프

① 피스톤식 펌프와 로터식 펌프

피스톤 펌프는 실린더 내부에서 피스톤을 왕복시켜 재료를 토출시키는 방식의 펌프이다. 일반적으로 콘크리트 펌프압송에 가장 많이 사용되는 장비이다. 피스톤 펌프는 그림 5.7과 같이 콘크리트를 받는 호퍼, 콘크리트를 흡입 및 배출하는 2개의 실린더, 2개의 실린더를 교대로 배출하도록 하는 밸브 시스템으로 구성되어 있다. 한쪽 실린더에서 콘크리트를 배출하는 동안 다른 한쪽의 실린더는 호퍼로부터 콘크리트를 흡입한다. 즉 피스톤의 흡입 행정이 펌프 호퍼에서 콘크리트를 흡입하여 실린더 내부에 채우고, 반대쪽 피스톤은 배출 행정을 통해 실린더 내부의 콘크리트를 배관으로 밀어내는 방식이다. 로터 펌프는 그림 5.8과 같이 유압으로 로터를 구동시켜 튜브 내 콘크리트를 이송하는 방식으로 스퀴즈 펌프(squeeze pump)라고도 한다.

② 붐 타입과 붐 없는 타입

붐 타입 펌프는 콘크리트공사에서 가장 일반적으로 이용되고 있으며, 콘크리트 펌프와 콘크리트를 분배하는 플레이싱 붐(placing boom)이 같이 있는 장비를 말한다. 그림 5.9와 같은 콘크리트 펌프카가 이에 속한다.

붐이 없는 타입은 라인(line) 펌프라고도 하며, 보통 몰리(MOLI, mobile line pump)라는 이름으로 통용되고 있다. 그림 5.10과 같이 트럭에 붐 없이 펌프만 장착되어 있으며, 후미의 토출부에 배관을 바로 연결하여 압송하는 방식이다.

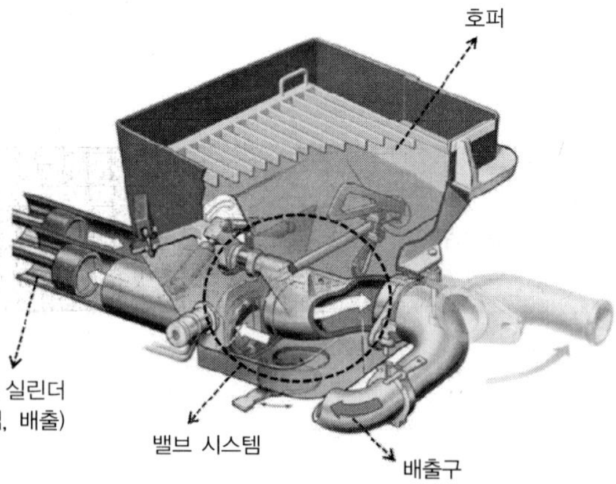

그림 5.7 피스톤 펌프

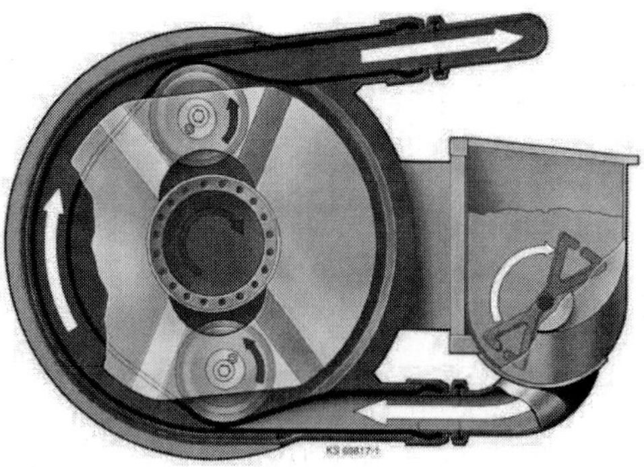

그림 5.8 로터 펌프

그림 5.9 콘크리트 펌프카-붐 있는 타입

그림 5.10 라인 펌프-붐 없는 타입

그림 5.11 정치식 펌프

③ 자주식 및 정치식 펌프

자주식 콘크리트 펌프는 앞의 그림 5.9와 그림 5.10과 같이 이동 가능한 콘크리트 펌프를 말하며, 모바일 펌프 또는 트럭 펌프(truck-mounted concrete pump)라고 한다. 정치식 펌프는 그림 5.11과 같이 한 장소에 고정시켜 놓고 사용하는 콘크리트 펌프이다.

표 5.4와 표 5.5는 콘크리트 펌프압송 현장에서 많이 사용하는 정치식 펌프의 종류와 규격을 나타낸 것이다. 표 5.6과 표 5.7은 콘크리트 펌프압송 현장에서 많이 사용하는 자주식 펌프의 종류와 규격을 나타낸 것이다.

표 5.4 **압송압력 200bar 이상 정치식 펌프 규격**

항목	정치식 펌프 형식 1		정치식 펌프 형식 2	
출력(kW)	470		330	
중량(kg)	11,000		9,980	
호퍼 용량(L)	600		600	
실린더 직경(mm)	180		200	
실린더 길이(mm)	2,100		2,100	
실린더 운영 방식	피스톤	로터	피스톤	로터
이론상 최대 토출량(m^3/h)	36	71	70	102
분당 최대 스트로크 수(회)	11	22	18	26
최대 콘크리트 압송압력(bar)	250	220	220	150

표 5.5 **압송압력 200bar 이하 정치식 펌프 규격**

항목	정치식 펌프 형식 3		정치식 펌프 형식 4	
출력(kW)	200		147	
중량(kg)	6,530		4,130	
호퍼 용량(L)	600		500	
실린더 직경(mm)	200		200	
실린더 길이(mm)	2,100		1,400	
실린더 운영 방식	피스톤	로터	피스톤	로터
이론상 최대 토출량(m^3/h)	75	124	59	87
분당 최대 스트로크 수(회)	15	24	25	37
최대 콘크리트 압송압력(bar)	152	91	106	71

표 5.6 **압송압력 200bar 이상 자주식 펌프 규격**

항목	몰리 타입 1	
호퍼 용량(L)	550	
실린더 직경(mm)	200	
실린더 길이(mm)	2,100	
실린더 운영 방식	피스톤	로터
이론상 최대 토출량(m^3/h)	69	106
분당 최대 스트로크 수(회)	18	26
최대 콘크리트 압송압력(bar)	220	150

표 5.7 **압송압력 200bar 이하 자주식 펌프 규격**

항목	몰리 타입 2		몰리 타입 2	
호퍼 용량(L)	550		550	
실린더 직경(mm)	230		200	
실린더 길이(mm)	2100		1,400	
실린더 운영 방식	피스톤	로터	피스톤	로터
이론상 최대 토출량(m^3/h)	108	160	60	90
분당 최대 스트로크 수(회)	21	31	23	35
최대 콘크리트 압송압력(bar)	130	85	106	70

④ 콘크리트 타설 붐

콘크리트 타설 붐은 그림 5.12와 같이 펌프로부터 토출되어 나온 콘크리트를 받아 거푸집 안에 타설하는 장비이다. 타설 붐은 3개 또는 4개의 연결 부위를 가지고 있으며, 작업 반경 안의 어디든 배관이 움직일 수 있도록 회전하는 터렛(turret) 위에 탑재되어 있다.

그림 5.12 콘크리트 타설 붐

(2) 콘크리트 압송배관

콘크리트 압송에는 주로 철제배관을 사용한다. 펌프압송에 사용되는 배관의 직경은 102mm(4 inch), 127mm(5 inch), 152mm(6 inch)가 있으며, 일반적으로 127mm 배관을 많이 사용한다. 직선배관의 길이는 대부분 3m이다. 배관의 두께는 압송압력과 콘크리트 타설량 등에 따라 적절한 두께를 선택하여 사용하는 것이 중요하다. 그림 5.13은 미국 콘크리트학회[69]에서 제안하는 배관 두께에 따른 내압성을 나타낸 것이며, 표 5.8은 콘크리트 펌프압송에 사용되고 있는 배관들의 규격을 나타낸 것이다. 일반적으로 배관 두께가 두꺼울수록 더 높은 압력에 견딜 수 있고, 배관의 마모 수명도 길어진다. 일반적으로 시공현장에서는 방해물이 있기 때문에 배관이 직선으로 설치되지 않으며, 곡관(bent) 및 곡률반경이 작은 엘보우(elbow)를 사용하여 방해물을 피하거나 둘러서 설치한다. 직선배관과 곡관이 설치된 현장의 모습을 그림 5.14에 나타내었다. 콘크리트가 곡관을 통해 이송될 때에는 바깥쪽에서 가속하기 때문에 곡관의 바깥벽에 더 큰 마모율이 발생한다. 이러한 이유로 바깥벽을 더 단단하게 제작하기도 한다.

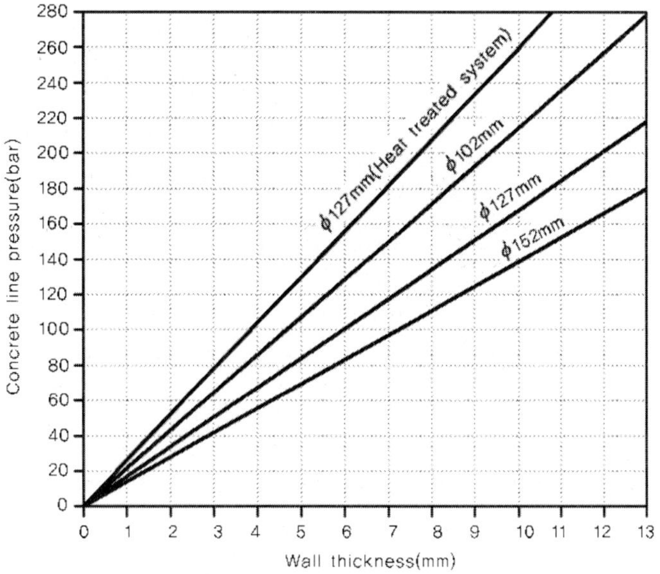

그림 5.13 배관 두께에 따른 내압성[69]

표 5.8 콘크리트 펌프압송에 사용되는 배관 규격

배관 직경 (mm)	두께 (mm)	내압성 (bar)
102	3.0	85
	3.6	
	4.6	
127	4.0	130
	6.3	200
	7.1	130
	8.8	200
152	8.8	130
	11	250

그림 5.14 콘크리트 펌프압송을 위해 설치된 배관

5.3.2 콘크리트 펌프 실린더의 충전율 모델

콘크리트 펌핑에는 일반적으로 피스톤 펌프를 주로 사용한다. 피스톤 펌프는 두 개의 실린더에서 흡입과 토출을 반복하여 콘크리트를 밀어내는 방식이다. 즉 흡입공정을 통해 실린더 내부에 콘크리트를 채우고, 이를 밀어내면서 동시에 반대쪽 실린더 내부에 콘크리트를 채우는 과정을 반복한다. 하지만 실제 콘크리트를 펌핑하는 과정에서는 실린더 내부를 가득 채우지 못하고, 약 70%에서 90% 정도의 범위로 채워져 압송이 이루어진다. 이때 피스톤 펌프의 실린더 부피와 실린더 내에 채워지는 콘크리트의 부피비를 충전율(filling coefficient)이라고 하며, 콘크리트의 펌핑 효율에 직접적으로 영향을 미치는 요소이다. 충전율은 다음의 식 (5.3.1)을 통해 계산할 수 있다[72].

$$F.C. = \frac{Q/t_{stroke}}{V_{piston}}(\%) \tag{5.3.1}$$

여기서, Q는 토출량(m^3/h), t_{stroke}는 단위시간당 스트로크 횟수, V_{piston}은 펌프 실린더의 부피(m^3)이다.

펌프 실린더의 충전율은 압송압력, 토출량, 콘크리트의 유동특성, 스트로크 시간 등 여러 가지 요인에 의해 복합적으로 영향을 받기 때문에 여러 영향 인자들을 고려하여 충전율과의 관계를 분석할 필요가 있다. 충전율 개발에 대한 기존 연구에서는 350m와 548m 길이의 수평배관 펌프압송 실험을 통해 측정된 스트로크 시간, 압력, 그리고 콘크리트의 유동특성과 충전율과의 관계를 분석하여 식 (5.3.2)의 충전율 모델을 제안하였다[72]. 충전율 모델은 콘크리트 펌핑 설계에서 현장 펌프운영 관리기준을 제시하는 데 사용된다.

$$r_{fc} = 100 - 0.606\,(\mu_c)^{0.505}\,(\tau_c)^{0.147}\,(t_{st})^{0.552} \tag{5.3.2}$$

여기서, r_{fc}는 충전율(%), μ_c는 콘크리트의 점도(Pa · s), τ_c는 콘크리트의 항복응력(Pa), t_{st}는 스트로크 시간(sec)이다.

5.3.3 혼화재료 사용을 통한 펌핑 성능 조절

콘크리트의 펌핑 성능 예측 방법을 이용하면 타설 높이 또는 길이, 압송압력, 목표 토출량이 정해지면 요구되는 콘크리트와 윤활층의 점도를 추정할 수 있다. 요구되는 조건에 맞게 실제 배합설계 단계에서 화학혼화제(chemical admixture) 또는 광물계 혼화재(mineral admixture)의 종류 및 함량 조절을 통해 요구되는 콘크리트와 윤활층 점도를 확보할 수 있다. 여기서 혼화재료 사용이 펌핑 성능에 미치는 영향을 파악한 기존의 실험적 연구 결과에 대해 소개하고자 한다[73].

초고층 건물에 적용되는 50, 80, 100MPa 콘크리트에 대해 광물계 혼화재와 화학혼화제의 종류 및 함량이 콘크리트의 펌핑 성능에 어떻게 영향을 미치는지 실험을 통해 파악되었다[73]. 광물계 혼화재는 실리카퓸(silica fume) 3종류, 지르코니아 실리카퓸(zirconia silica fume) 2종류, 그리고 플라이 애시(fly ash) 3종류가 사용되었다. 화학혼화제로는 고성능 감수제(superplasticizer)가 사용되었다. 총 32가지 배합에 대하여 콘크리트와 윤활층의 유동특성을 측정하였으며, 이를 이용해 토출량을 계산하여 비교하였다.

표 5.9는 실리카퓸과 지르코니아 실리카퓸을 사용한 배합을 나타낸 것이다. 설계기준강도 50MPa은 3가지 콘크리트 배합, 80MPa은 9가지 콘크리트 배합으로 총 12가지 배합에 대해 실험이 수행되었으며, 고성능 감수제의 사용량을 조절하여 모든 배합에

서 슬럼프 플로 600mm를 확보하도록 하였다. 표 5.10은 플라이 애시를 사용한 배합을 나타낸 것이다. 설계기준강도는 80MPa로 모두 동일하며, 플라이 애시를 사용하지 않은 배합을 포함하여 총 10가지 배합에 대해 실험이 수행되었다. 실리카퓸을 사용한 배합과 마찬가지로 고성능 감수제 사용량을 조절하여 슬럼프 플로 600mm를 확보하도록 하였다. 표 5.11은 고성능 감수제 사용량을 달리한 배합을 나타낸 것이다. 설계기준강도 50MPa은 4가지 콘크리트 배합, 80MPa은 3가지 콘크리트 배합, 100MPa은 3가지 콘크리트 배합에 대하여 고성능 감수제 사용량에 따른 슬럼프 플로, 콘크리트와 윤활층의 유동특성이 측정되었다. 모든 배합표에서 C5, C8, 그리고 C10은 각각 압축강도 50MPa, 80MPa, 그리고 100MPa을 의미하며, 변수명에서의 마지막 숫자는 시멘트 무게에 대한 혼화재료의 치환율을 의미한다.

표 5.9 **콘크리트 배합표(실리카퓸, 지르코니아 실리카퓸)[73]**

Mix.	W/B (%)	S/a (%)	Unit mass(kg/m^3)					SP (%)
			W	C	SF	S	G	
C8-SF0	25	42.9	160	640	–	687	915	1.40
C8-SF1-10				576	64	677	902	1.65
C8-SF1-20				512	128	667	888	2.02
C8-SF2-10				576	64	677	902	1.77
C8-SF2-20				512	128	667	888	2.45
C8-SF3-10				576	64	677	902	1.65
C8-SF3-20				512	128	667	888	1.95
C8-ZSF1-10				576	64	678	903	1.07
C8-ZSF1-20				512	128	669	890	0.97
C5-ZSF1-10	32	45	172	484	54	724	902	0.90
C5-ZSF2-10						726	904	0.82
C5-SF3-10						723	900	1.55

표 5.10 **콘크리트 배합표(플라이 애시)[73]**

Mix.	W/B (%)	S/a (%)	Unit mass (kg/m^3)						SP (%)
			W	C	FA	SF2	S	G	
C8-FA0	25	45	160	576	-	64	710	868	2.00
C8-FA1-12.5				496	80		701	857	1.60
C8-FA1-25.0				416	160		691	845	1.40
C8-FA1-37.5				336	240		682	833	1.19
C8-FA2-12.5				496	80		699	854	1.76
C8-FA2-25.0				416	160		687	840	1.56
C8-FA2-37.5				336	240		675	825	1.40
C8-FA3-12.5				496	80		700	855	1.77
C8-FA3-25.0				416	160		689	842	1.63
C8-FA3-37.5				336	240		678	828	1.58

표 5.11 **콘크리트 배합표(고성능 감수제)[73]**

Mix.	w/b (%)	s/a (%)	Unit mass (kg/m^3)						SP (%)
			W	C	FA	SF	S	G	
C5-SP-0.80	32	50	172	484	-	54	819	819	0.80
C5-SP-1.00									1.00
C5-SP-1.10									1.10
C5-SP-1.27									1.27
C8-SP-1.10	25	42.9	160	480	96	64	663	883	1.10
C8-SP-1.25									1.25
C8-SP-1.40									1.40
C10-SP-1.10	22	45	160	545	73	109	662	861	1.10
C10-SP-1.20									1.20
C10-SP-1.40									1.40

표 5.12에서 표 5.14는 각각의 변수에 대한 슬럼프 플로, 콘크리트와 윤활층의 유동 특성 측정 결과를 나타낸 것이다. 표 5.12의 점도 측정 결과를 살펴보면, 실리카퓸을 사용하지 않은 C8-SF0 배합과 비교했을 때 실리카퓸과 지르코니아 실리카퓸을 사용한 모든 배합에서 점도 감소 효과가 있는 것으로 확인되었다. 항복응력 측정 결과를 살펴보면, 점도 측정 결과와는 달리 특별한 경향을 보이지 않았다.

표 5.13의 점도 측정 결과를 살펴보면, 플라이 애시 치환율이 12.5%인 경우 실험에서 사용한 3종류의 플라이 애시 모두 치환하지 않은 배합에 비해 콘크리트의 점도가 큰 것으로 확인되었다. 따라서 플라이 애시 치환율 12.5% 이하에서는 점도 감소 효과

는 없는 것으로 확인되었다. 플라이 애시 치환율이 증가함에 따라 점도 감소 효과를 보이는 배합은 FA1을 사용한 배합에서만 나타났다. 이는 윤활층의 점도 측정 결과에서도 동일한 경향을 보였다. 따라서 플라이 애시를 사용함에 따른 콘크리트의 점도 감소 효과는 그 종류마다 다른 것으로 확인되었다.

표 5.12 **유동특성 측정 실험 결과(SF, ZSF)[73]**

Mix.	윤활층		콘크리트		슬럼프 플로 (mm)
	점도 (Pa · s)	항복응력 (Pa)	점도 (Pa · s)	항복응력 (Pa)	
C8-SF0	5.65	27	183	0	605
C8-SF1-10	4.63	0.04	174	0	605
C8-SF1-20	3.26	29	116	52	565
C8-SF2-10	3.65	49	102	3	580
C8-SF2-20	3.96	0.04	104	5	585
C8-SF3-10	3.27	19	107	0	620
C8-SF3-20	3.79	29	118	12	575
C8-ZSF1-10	2.69	24	75	8	605
C8-ZSF1-20	1.44	43	49	49	595
C5-ZSF1-10	1.41	17	69	62.0	580
C5-ZSF2-10	2.15	0	81	41.1	600
C5-SF3-10	3.39	2.4	89	57.7	550

표 5.13 **유동특성 측정 실험 결과(FA)[73]**

Mix.	윤활층		콘크리트		슬럼프 플로 (mm)
	점도 (Pa · s)	항복응력 (Pa)	점도 (Pa · s)	항복응력 (Pa)	
C8-FA0	4.25	31.8	115	9.4	605
C8-FA1-12.5	3.59	62.3	124	0.1	610
C8-FA1-25.0	3.39	34.0	103	5.8	610
C8-FA1-37.5	2.95	1.2	91	0.1	615
C8-FA2-12.5	4.02	0	126	0.1	615
C8-FA2-25.0	4.38	22.5	125	0.1	595
C8-FA2-37.5	4.66	36.8	158	0.1	610
C8-FA3-12.5	4.19	0	136	0.1	590
C8-FA3-25.0	5.56	0	170	0.1	590
C8-FA3-37.5	6.11	0	204	0.1	635

표 5.14의 점도 측정 결과를 살펴보면, C5 배합의 경우 고성능 감수제 사용량이 증가함에 따라 콘크리트의 점도는 큰 변화가 없으나 윤활층의 점도는 크게 감소하는 경향을 보였다. C8 배합과 C10 배합의 경우 고성능 감수제 사용량이 증가함에 따라 콘크리트와 윤활층의 점도 모두 감소하는 것으로 확인되었다.

각각의 변수에 대한 토출량 계산 결과를 그림 5.15에 나타내었다. 토출량 계산 시 펌핑 조건은, 입구 압력 15MPa, 배관 직경은 127mm, 그리고 수평 배관 길이 500m로 모두 동일하게 적용되었으며, 윤활층의 두께는 2mm로 가정하였다. 각각의 변수에 대한 토출량 계산 결과를 살펴보면, 실리카퓸과 플라이 애시는 그 종류에 따라 펌핑 성능에 미치는 영향이 다르며, 광물성 혼화재 중에서 지르코니아 실리카퓸을 사용한 배합이 다른 배합에 비해 2배 이상 펌핑 성능이 향상되는 것으로 파악되었다. 고성능 감수제는 사용량이 증가할수록 펌핑 성능이 향상되는 결과를 보였다.

표 5.14 **유동특성 측정 실험 결과(SP)[73]**

Mix.	윤활층		콘크리트		슬럼프 플로 (mm)
	점도 (Pa · s)	항복응력 (Pa)	점도 (Pa · s)	항복응력 (Pa)	
C5-SP-0.80	2.49	72	53.4	144	370
C5-SP-1.00	1.98	9	43.0	74.0	485
C5-SP-1.10	1.56	77	44.0	41.0	540
C5-SP-1.27	0.60	25	61.1	16.0	655
C8-SP-1.10	4.06	32	107	84.0	450
C8-SP-1.25	2.92	40	94.0	2.0	575
C8-SP-1.40	2.98	5	79.0	0.1	665
C10-SP-1.10	4.77	15.3	121	13.4	515
C10-SP-1.20	3.99	21.5	112	4.0	585
C10-SP-1.40	3.22	0.1	77.0	0.1	695

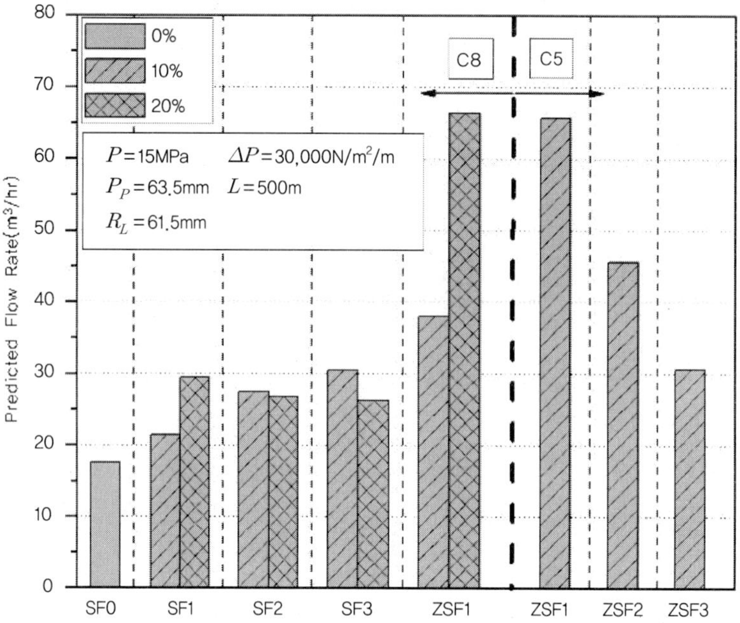

(a) 실리카퓸, 지르코니아 실리카퓸

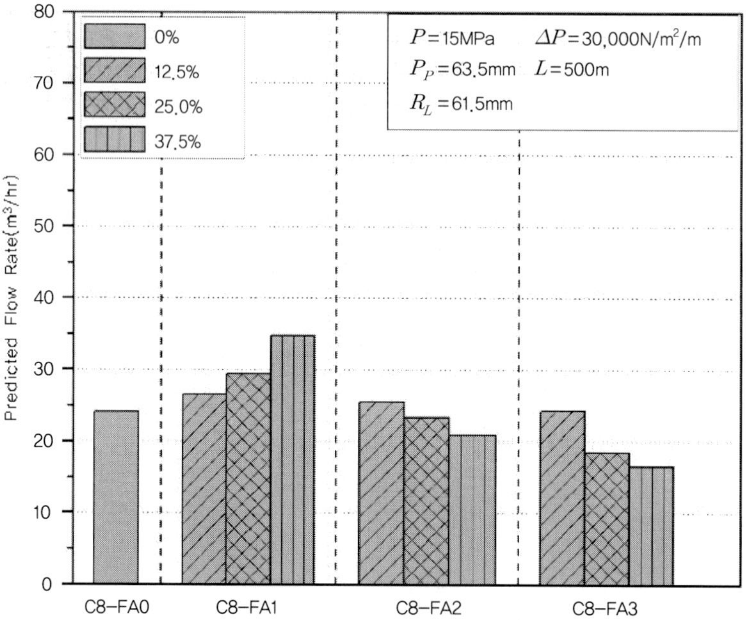

(b) 플라이 애시

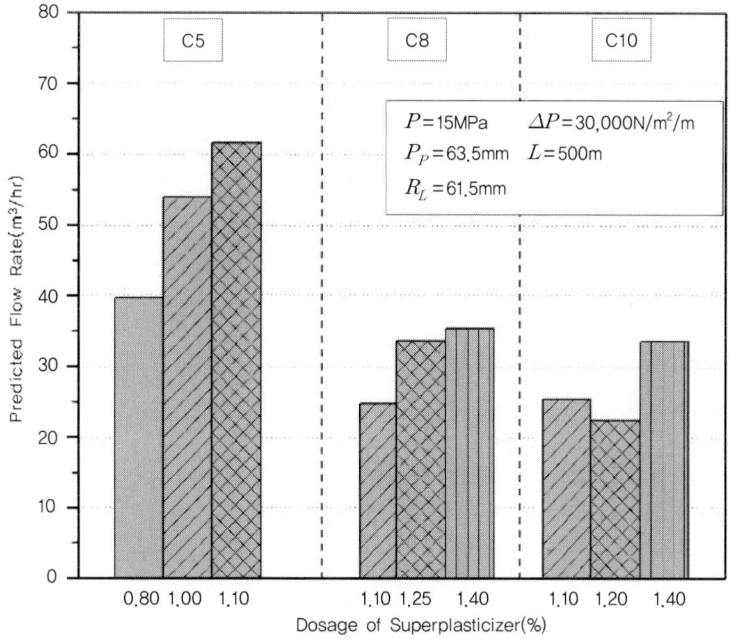

(c) 고성능 감수제

그림 5.15 혼화재료 사용에 따른 펌핑 성능 예측 결과[73]

5.3.4 콘크리트와 윤활층의 점도 관계

콘크리트와 윤활층의 유동특성을 측정한 기존 연구들에 의하면[18,71,73], 콘크리트의 점도와 윤활층의 점도는 선형적인 관계를 보이는 것으로 보고되고 있다. 이러한 관계를 이용하면 콘크리트의 점도 또는 윤활층의 점도 중 한 가지만 알고 있는 경우 다른 하나를 추정할 수 있다. 콘크리트와 윤활층의 점도 관계는 앞의 그림 5.6에서 나타낸 펌핑 설계의 두 번째 과정인 콘크리트와 윤활층의 점도 관계를 이용한 압송압력 예측에 사용된다.

설계강도 30MPa에서 200MPa까지 총 78종류의 콘크리트 배합에 대해 콘크리트와 윤활층의 점도 관계를 파악한 최근의 연구에 의하면 전체적으로 콘크리트 점도에 대한 윤활층 점도의 비율은 약 1.2%에서 5.5%의 범위인 것으로 보고되었다[71]. 78종류의 콘크리트 배합에 대해 총 8차례에 나누어 실험이 진행되었다. 각 실험군마다 콘크리트와 윤활층 점도의 비율을 평균해보면 약 2.3%에서 3.9%까지 약간의 차이를 보이는 것으로 나타났으며, 전체 평균은 약 3.05% 정도로 확인되었다. 따라서 다음의 식 (5.3.3)을 이용해 펌핑설계의 두 번째 단계에서 콘크리트와 윤활층의 점도를 가정하여 펌프압송 성능 예측에 사용할 수 있다.

$$\mu_s = 0.0305 \cdot \mu_c \tag{5.3.3}$$

여기서, μ_s는 윤활층의 점도(Pa · s), μ_c는 콘크리트의 점도(Pa · s)이다.

식 (5.3.3)은 모든 콘크리트에 해당하는 것은 아니며, 기존 연구[71]에서 측정된 콘크리트와 윤활층의 점도 관계를 평균적으로 나타낸 것이다. 따라서 추후 다른 실험 결과를 반영하여 얼마든지 수정될 수 있다. 펌핑 설계의 두 번째 단계에서 콘크리트와 윤활층의 점도 관계만을 사용하는 이유는 항복응력은 점도에 비해 펌핑 성능에 미치는 영향이 매우 작기 때문이다[71, 74]. 또한 전체 펌핑 설계 과정에서 예비해석 단계에 해당되며, 이는 실제 콘크리트 배합설계 시 시행착오를 줄이기 위해 콘크리트와 윤활층의 유동특성 범위를 미리 선정하는 데 목적이 있다.

5.3.5 슬럼프 플로 시험을 통한 콘크리트 점도 추정

연속 타설을 해야 하는 펌핑 공정의 특성상 레미콘으로부터의 콘크리트 공급이 지연되면 안 되기 때문에 현장에서는 공급차량과 대기차량의 교대가 빠르게 이루어져야 한다. 이러한 현장 상황에서 모든 레미콘으로부터 공급되는 콘크리트의 유동특성을 매번 측정하기에는 어려움이 있다. 슬럼프 플로 시험과 같은 간편한 실험을 통해 콘크리트의 점도를 파악할 수 있는 방법이 최근에 제안되었으며[71], 현장에서 펌프압송 성능 품질관리 기준으로 사용할 수 있도록 펌핑 설계 과정에 포함하였다.

슬럼프 플로 시험을 통한 콘크리트의 점도 평가 방법을 제안하기 위한 기존의 연구에서[71], 전산유체역학(CFD, Computational fluid dynamics)을 이용한 슬럼프 플로에 대한 유동해석을 수행하여 슬럼프 플로 시험의 시간-직경 관계와 콘크리트 점도의 연관성을 파악하였다. 슬럼프 플로에 대한 유동해석은 초고층 빌딩 콘크리트 배합에 대한 슬럼프 플로 및 유동특성 측정 실험 결과와 비교하여 검증되었다.

그림 5.16은 슬럼프 콘에 대한 유동해석을 통해 얻어진 콘크리트의 점도별 시간에 따른 직경 변화곡선을 나타낸 것이다. 유동해석을 수행할 때 콘크리트의 유동특성은

빙햄 유체 모델(Bingham fluid model)[75]이 사용되었다. 슬럼프 플로가 큰 고유동 콘크리트의 항복응력이 매우 작은 것을 고려하여 항복응력을 0.1Pa로 모두 동일하게 적용되었으며, 콘크리트의 점도만을 해석변수로 한 유동해석이 수행되었다. 해석변수인 점도는 실제 콘크리트의 점도 범위를 고려하여 25, 50, 100, 200, 300Pa · s로 입력하여 유동해석이 수행되었다.

그림 5.16의 해석 결과를 살펴보면, 콘크리트의 점도가 높아짐에 따라 동일 시간에서의 직경이 작아지는 경향을 볼 수 있다. 콘크리트의 점도가 높으면 슬럼프 플로 시험에서의 T_{500} 도달시간이 길다는 것을 의미한다. 표 5.15는 유동해석 결과를 토대로 점도에 따른 T_{500} 해석 결과를 정리한 것이며, 그림 5.17은 콘크리트 점도와 T_{500}관계를 낸 것이다. 그림 5.17을 보면, 콘크리트의 점도와 T_{500} 관계는 선형성을 보이는 것을 알 수 있다. 따라서 다음의 식 (5.3.4)의 관계로부터 슬럼프 플로 시험에서의 T_{500}을 통해 콘크리트의 점도를 추정할 수 있다.

$$\mu_c = 28.2 \cdot T_{500} + 3.02 \tag{5.3.4}$$

여기서, μ_c는 콘크리트의 점도(Pa · s), T_{500}은 슬럼프 플로 500mm 도달시간(sec)을 의미한다.

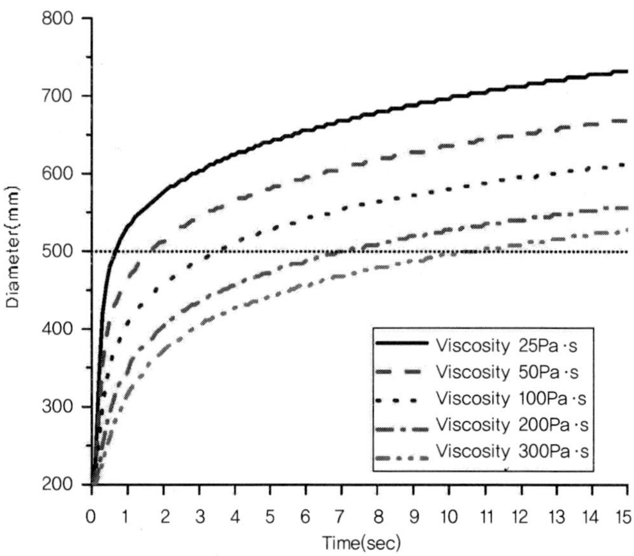

그림 5.16 유동해석 결과-점도별 시간에 따른 직경 변화[71]

콘크리트 점도와 T_{500} 관계의 검증은 초고층 빌딩 콘크리트 배합에 대한 유동특성 측정 실험 결과와의 비교를 통해 이루어졌으며, 식 (5.3.4)로부터 계산된 콘크리트의 점도가 측정된 점도를 약 83%의 정확도로 모사하는 것으로 확인되었다[71].

표 5.15 **콘크리트의 점도별 T_{500} 해석 결과[71]**

	콘크리트 점도 (Pa · s)				
	25	50	100	200	300
T_{500} (sec)	0.7	1.7	3.5	7.0	10.5

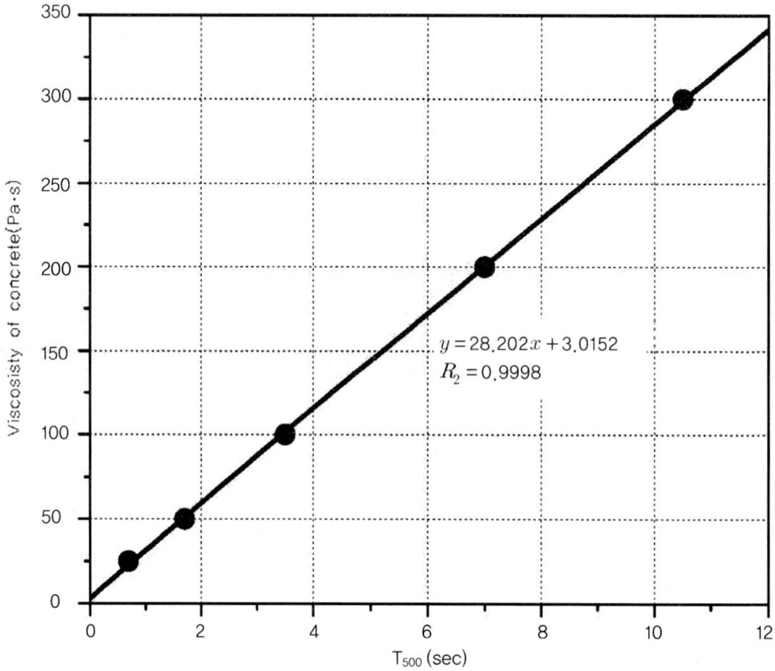

그림 5.17 **콘크리트의 점도와 T_{500} 관계**

5.4 콘크리트 펌핑 설계 방법 적용 예

이 절에서는 예시를 통해 레올로지 기반 콘크리트 펌핑 설계 방법을 설명하였다. 500m 높이의 초고층 건물을 대상으로 펌핑 설계를 진행하였다. 실제 설계에서는 콘크리트 배합설계와 유동특성 측정 과정이 포함되지만, 여기서는 앞의 5.3.3절에서 소개한 콘크리트 배합을 선택하여 설계를 진행하도록 한다. 경제성을 고려하여 콘크리트 배합, 펌프 및 배관의 종류를 선택할 수 있게 여러 가지 배합에 대해 검토하였다. 설계의 첫 번째 단계인 펌핑 조건은 기존의 건설 사례를 참고로 가정하였으며[76], 콘크리트와 윤활층의 점도 관계를 이용한 압송압력의 예측부터 콘크리트 펌핑 성능 현장 품질관리 기준 제시까지 단계별로 설계를 수행하였다.

(1) 펌핑 조건

펌핑 조건은 대상 구조물의 길이 또는 높이, 시공관리를 위한 목표 토출량, 그리고 압송될 콘크리트의 설계기준강도를 의미하며, 구조물을 시공하기 전에 미리 정해진다. 500m 높이 수직배관 펌핑 설계 예시에서의 목표 토출량은 실제 초고층 건물의 건설 사례를 참고[76]하여 25m^3/h로 가정하였으며, 압송되는 콘크리트는 설계기준강도 80MPa, 슬럼프 플로 600mm 이상의 고유동 콘크리트로 가정하였다. 그리고 수직배관까지 연결된 수평배관의 길이는 50m로 가정하여 펌프압송 설계를 수행하였다.

(2) 콘크리트와 윤활층의 점도 관계를 이용한 압송압력 예측

콘크리트와 윤활층의 점도 관계를 이용하여 압송압력을 예측하는 이유는 앞에서 언급했듯이 경제성 있는 설계를 하기 위함이다. 목표 토출량을 만족시키는 압송압력 및 콘크리트와 윤활층의 유동특성 범위를 미리 산정하면 최적 설계를 위한 기준을 정할 수 있기 때문에 필요 이상의 펌프를 선택하는 일과 배합설계 단계에서 발생하는 시행착오를 줄일 수 있다.

압송압력 예측에 고려한 콘크리트의 점도 범위는 실제로 측정된 데이터들을 토대로 50Pa · s에서 300Pa · s까지로 정하였으며, 5.3.4절의 식 (5.3.3)을 이용하여 콘크리트 점도와 윤활층의 점도를 추정하면 표 5.16과 같다. 콘크리트와 윤활층의 항복응력은 모두 0.1Pa로 가정하였다. 압송압력 예측에서 점도 관계만을 고려한 이유는 앞에서도 언급하였듯이 항복응력은 점도에 비해 펌프압송 성능에 미치는 영향이 매우 작기 때문이다. 압송압력은 사용할 수 있는 펌프의 용량을 고려하여 150bar에서 250bar까지 고려하였다. 4.3.3절의 식 (4.3.21)의 토출량 계산식을 이용하여 배관직경이 127mm와 152mm인 경우 계산된 압력-토출량 결과를 그림 5.18과 그림 5.19에 나타내었다. 그림 5.18과 그림 5.19에서 Target은 목표 토출량을 의미하며, V50, V100, V150, V200, V250, V300은 각각 콘크리트의 점도 50Pa · s, 100Pa · s, 150Pa · s, 200Pa · s, 250Pa · s, 300Pa · s를 의미한다.

표 5.16 **압송압력 예측을 고려한 콘크리트와 윤활층의 점도 범위**

점도, $\mu_s = 0.0305 \cdot \mu_c$ (Pa · s)	
콘크리트	윤활층
50	1.53
100	3.05
150	4.58
200	6.10
250	7.63
300	9.15

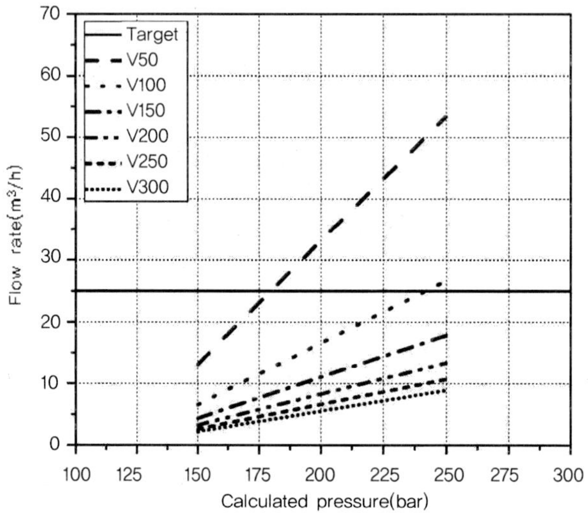

그림 5.18 콘크리트와 윤활층의 점도 관계를 이용한 압송압력 예측-500m 높이 수직배관 펌프압송(배관 직경 127mm)

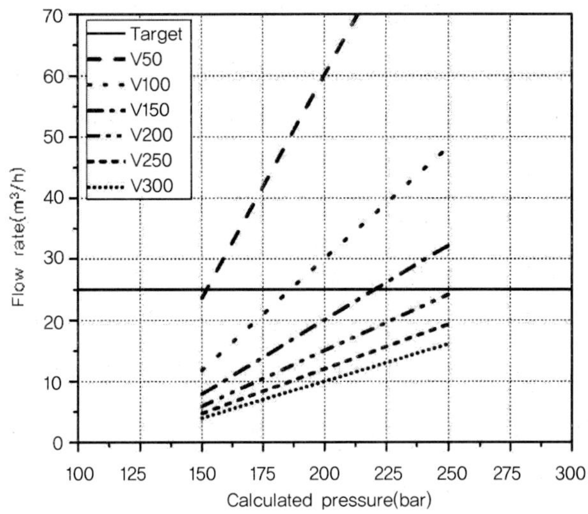

그림 5.19 콘크리트와 윤활층의 점도 관계를 이용한 압송압력 예측-500m 높이 수직배관 펌프압송(배관 직경 152mm)

(3) 콘크리트와 윤활층의 점도 범위 산정

그림 5.18과 그림 5.19의 압력-토출량 계산 결과를 살펴보면, 배관직경 127mm의 경우 콘크리트의 점도 100Pa · s까지 목표 토출량을 만족시켰으며, 152mm의 경우 150Pa · s까지 목표 토출량을 만족시켰다. 따라서 콘크리트는 최대 150Pa · s, 윤활층은 최대 4.58Pa · s까지를 목표 점도 범위로 결정할 수 있다.

(4) 콘크리트 배합설계, 유동특성 측정 및 압송압력 예측, 배합 조절

실제로는 콘크리트 배합설계 단계에서 물-시멘트비, 골재량, 혼화재 및 혼화제 사용량을 조절하여 배합실험을 진행하며, 많은 시행착오 끝에 배합이 결정된다. 그러나 이전 단계에서 목표 토출량을 만족시키는 콘크리트와 윤활층의 점도 범위를 미리 산정했기 때문에 배합설계 단계에서의 시행착오를 줄일 수 있을 것이다.

여기서는 5.3.3절에서 소개한 실제 콘크리트 배합에 대해 측정된 유동특성 데이터들이 있기 때문에 이를 활용하여 설계를 진행하였다[73]. 경제성을 고려하여 콘크리트 배합, 펌프 및 배관의 종류를 선택할 수 있게 여러 가지 배합에 대해 검토하였다.

① C8-FA1-12.5 배합에 대한 압송압력 예측

첫 번째로 선택한 배합은 앞의 5.3.3절에서 플라이 애시 12.5%를 사용한 C8-FA1-12.5 배합이다. 선택한 배합의 콘크리트와 윤활층의 유동특성 측정 결과는 표 5.17과 같다. 여기서 콘크리트와 윤활층의 유동특성은 각각 ICAR 레오미터[77]와 트라이보미터[17]를 사용하여 측정된 결과이다.

압송압력 예측에서는 4.3.4절에서 언급한 펌핑 성능 예측 정확도와 기존 연구[71]를 통해 분석된 펌핑 중 콘크리트의 유동특성 변화를 모두 반영하였다. 콘크리트와 윤활층의 유동특성 측정 결과를 이용한 예측 결과가 항상 불확실하기 때문에 이를 설계에 반영하여 압송압력 산정에 여유를 둠으로써 펌프용량 부족으로 인해 발생할 수 있는 문제를 사전에 방지하고자 하였다. ICAR 레오미터[77]와 트라이보미터[17]를 사용한 경우 펌핑 성능 예측 정확도는 약 90%이다(4.3.4절 참고). 따라서 유동특성 측정 결과로부터 예측된 압송압력의 ±10%를 편차로 고려하여 예측 결과에 반영하였다. 콘크리트의 유동특성 변화를 고려하는 이유는 펌핑 전후 콘크리트의 유동특성을 평균하여 예측한 결과가 펌핑 전 유동특성만을 고려한 예측 결과보다 정확성이 높기 때문이다[18]. 따라서 펌핑 중 유동특성 변화를 고려하여 압송압력의 예측 정확도를 높일 수 있다. 기존의 연구[71]를 통해 분석된 펌핑 중 콘크리트 점도 감소의 최대 범위인 79%를 적용하여 펌핑 전 콘크리트의 점도와 79% 감소된 점도를 평균하여 압송압력을 예측하였다. 항복응력의 변화는 펌핑 성능에 크게 영향을 미치지 않으므로 고려하지 않았다.

그림 5.20과 그림 5.21은 각각 배관 직경이 127mm, 152mm인 경우 C8-FA1-12.5 배합의 유동특성 측정 결과 및 예측 불확실성, 그리고 펌핑 중 콘크리트의 점도 변화를 고려한 압송압력 예측 결과이다. 그림 5.20과 그림 5.21에서 Target은 목표 토출량을 의미하며, Measured는 유동특성 측정값을 이용해 압송압력을 예측한 결과 Accuracy : +10%, Accuracy : −10%, Viscosity : −79%는 각각 유동특성 측정값을 이용해 예측한 결과의 +10%, −10%, 그리고 압송 전 콘크리트의 점도와 79% 감소된 점도를 평균하여 압송압력을 예측한 결과를 의미한다. 그림 5.20과 그림 5.21을 살펴보면, 압송압력을 예측한 4가지 경우 중 Accuracy : −10%가 가장 압송압력이 높게 예측되었다. 이는 펌핑 성능이 가장 안 좋은 경우에 해당한다. 따라서 배합 및 펌프 선정에서 Accuracy : −10%인 경우 예측된 압송압력을 고려하는 것이 바람직하다고 본다.

배관직경이 127mm인 경우 압송압력 250bar까지 목표 토출량을 만족시키지 못하는 것으로 예측되었다. 배관직경이 152mm인 경우는 약 215bar 정도의 압력에서 목표 토출량을 만족시키는 것으로 예측되었다. 현재 개발된 펌프 중 최고용량 펌프의 콘크리트 최대압송압력이 250bar인 것을 감안하면, 압송압력이 215bar인 경우 펌프를 최대용량으로 운전해야 하기 때문에 배합 조절을 통해 압송압력을 낮출 필요가 있다.

표 5.17 **C8-FA1-12.5 배합의 유동특성 측정 결과**

Mix.	콘크리트		윤활층	
	점도 (Pa · s)	항복응력 (Pa)	점도 (Pa · s)	항복응력 (Pa)
C8-FA1-12.5	124	0.1	3.59	62.3

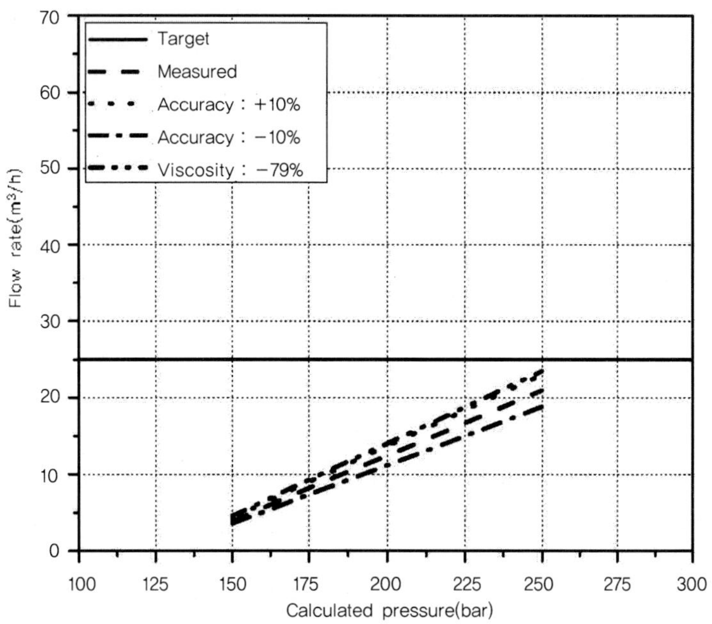

그림 5.20 C8-FA1-12.5 배합의 압송압력 예측 결과(배관 직경 127mm)

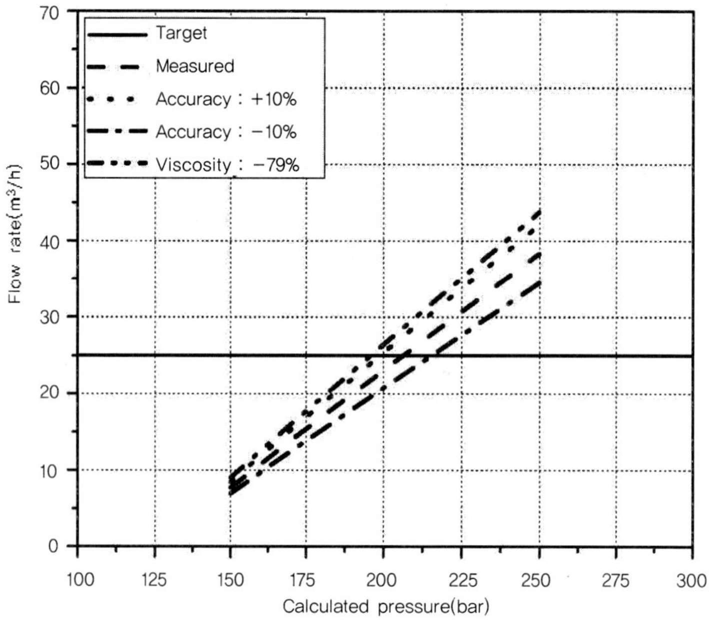

그림 5.21 C8FA1-12.5 배합의 압송압력 예측 결과(배관 직경 152mm)

② C8-ZSF1-10 배합

두 번째로 선택한 배합은 앞의 5.3.3절에서 지르코니아 실리카퓸을 10% 사용한 C8-ZSF1-10 배합이다. 선택한 배합의 콘크리트와 윤활층의 유동특성 측정 결과는 표 5.18과 같다. 여기서 콘크리트와 윤활층의 유동특성은 각각 ICAR 레오미터와 트라이보미터[17]를 사용하여 측정된 결과이다.

앞에서와 마찬가지로 유동특성 측정 결과로부터 예측된 압송압력의 ±10%와 점도 감소의 최대 범위 79%를 고려하여 예측 결과에 반영하였다.

그림 5.22와 그림 5.23은 각각 배관직경이 127mm, 152mm인 경우 C8-ZSF1-10 배합의 유동특성 측정 결과 및 예측 불확실성, 그리고 펌프압송 중 콘크리트의 점도 변화를 고려한 압송압력 예측 결과이다. 그림 5.22와 그림 5.23에서 Target은 목표 토출량, Measured는 유동특성 측정값을 이용해 압송압력을 예측한 결과 Accuracy : +10%, Accuracy : −10%, Viscosity : −79%는 각각 유동특성 측정값을 이용해 예측한 결과의 +10%, −10%, 그리고 압송 전 콘크리트의 점도와 79% 감소된 점도를 평균하여 압송압력을 예측한 결과를 의미한다. 그림 5.22와 그림 5.23을 살펴보면, 압송압력을 예측한 4가지 중 Accuracy : −10%가 가장 압송압력이 높게 예측되었다. 이는 펌핑 성능이

가장 안 좋은 경우에 해당한다. 따라서 배합 및 펌프 선정에서 Accuracy : −10%인 경우 예측된 압송압력을 고려하는 것이 바람직하다고 본다.

배관직경이 127mm인 경우 최대 압송압력이 거의 250bar 가까이 됐을 때 목표 토출량을 만족하는 것으로 예측되었다. 앞의 C8-FA1-12.5 배합에서 152mm 배관을 사용한 경우보다 압송압력이 약 25bar 정도 높다. 실제 현장에서 사용되는 초고압 펌프의 최대 콘크리트 압송압력이 250bar인 것을 고려하면, 펌프용량의 최대치로 계속 운전해야 하기 때문에 127mm 배관을 사용하기에는 무리가 있다고 판단된다. 배관직경이 152mm인 경우 약 185bar 정도에서 목표토출량을 만족시키는 것으로 예측되었다. 이는 초고압 펌프 최대 용량 250bar의 74%에 해당되는 압력이며, 펌프 효율을 80% 정도 유지한다는 가정 하에서 공정관리를 위한 목표토출량을 만족시키는 조건으로 펌핑이 진행될 수 있을 것으로 보인다.

표 5.18 **C8-ZSF1-10 배합의 유동특성 측정 결과**

Mix	콘크리트		윤활층	
	점도 (Pa · s)	항복응력 (Pa)	점도 (Pa · s)	항복응력 (Pa)
C8-ZSF1-10	75	8	2.69	24.0

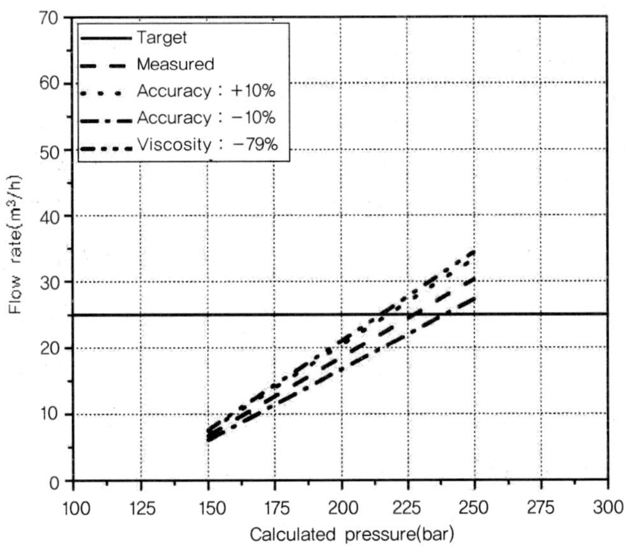

그림 5.22 C8-ZSF1-10 배합의 압송압력 예측 결과(배관 직경 127mm)

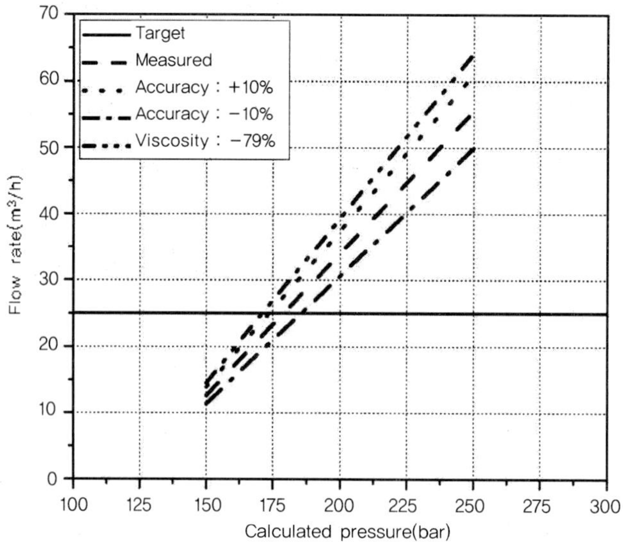

그림 5.23 C8-ZSF1-10 배합의 압송압력 예측 결과(배관 직경 152mm)

③ C8-ZSF1-20 배합

세 번째로 선택한 배합은 앞의 5.3.3절에서 지르코니아 실리카퓸을 20% 사용한 C8-ZSF1-20 배합이다. 선택한 배합의 콘크리트와 윤활층의 유동특성 측정 결과는 표 5.19와 같다. 여기서 콘크리트와 윤활층의 유동특성은 각각 ICAR 레오미터[77]와 트라이보미터[17]를 사용하여 측정된 결과이다.

앞에서와 마찬가지로 유동특성 측정 결과로부터 예측된 압송압력의 ±10%와 점도 감소의 최대 범위 79%를 고려하여 예측 결과에 반영하였다.

그림 5.24와 그림 5.25는 각각 배관직경이 127mm, 152mm인 경우 C8-ZSF1-20 배합의 유동특성 측정 결과 및 예측 불확실성, 그리고 펌프압송 중 콘크리트의 점도변화를 고려한 압송압력 예측 결과이다. 그림 5.24와 그림 5.25에서 Target은 목표토출량, Measured는 유동특성 측정값을 이용해 압송압력을 예측한 결과 Accuracy : +10%, Accuracy : −10%, Viscosity : −79%는 각각 유동특성 측정값을 이용해 예측한 결과의 +10%, −10%, 그리고 압송 전 콘크리트의 점도와 79% 감소된 점도를 평균하여 압송압력을 예측한 결과를 의미한다. 앞의 두 경우와 마찬가지로 압송압력을 예측한 4가지 중 Accuracy : −10%가 압송압력이 가장 높게 예측되었다. 이는 펌핑 성능이 가장 안 좋은 경우에 해당한다. 따라서 배합 및 펌프 선정에서 Accuracy : −10%인 경우 예측된 압송압력을 고려하는 것이 바람직하다고 본다.

배관직경이 127mm인 경우 최대 압송압력이 190bar 정도에서 목표토출량을 만족시키는 것으로 예측되었다. 이는 초고압 펌프 최대 용량 250bar의 76%에 해당되는 압력이며, 펌프효율을 80% 정도 유지한다는 가정 하에 공정관리를 위한 목표토출량을 만족시키는 조건으로 시공할 수 있을 것으로 보인다. 배관직경이 152mm인 경우 약 160bar 정도에서 목표토출량을 만족시키는 것으로 예측되었다. 따라서 펌프효율을 80% 이상 유지한다는 가정 하에 200bar 용량의 펌프를 사용해도 목표토출량을 만족시키는 조건으로 시공할 수 있을 것으로 보인다.

표 5.19 **C8-ZSF1-20 배합의 유동특성 측정 결과**

Mix	콘크리트		윤활층	
	점도 (Pa · s)	항복응력 (Pa)	점도 (Pa · s)	항복응력 (Pa)
C8-ZSF1-20	49	49	1.44	43

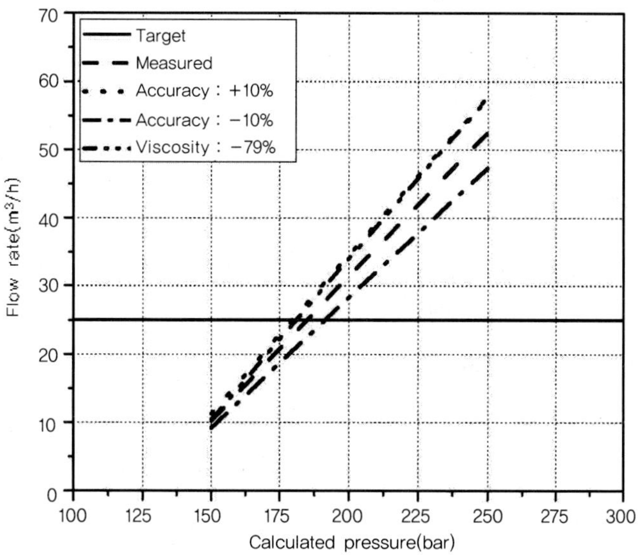

그림 5.24 C8-ZSF1-20 배합의 압송압력 예측 결과(배관 직경 152mm)

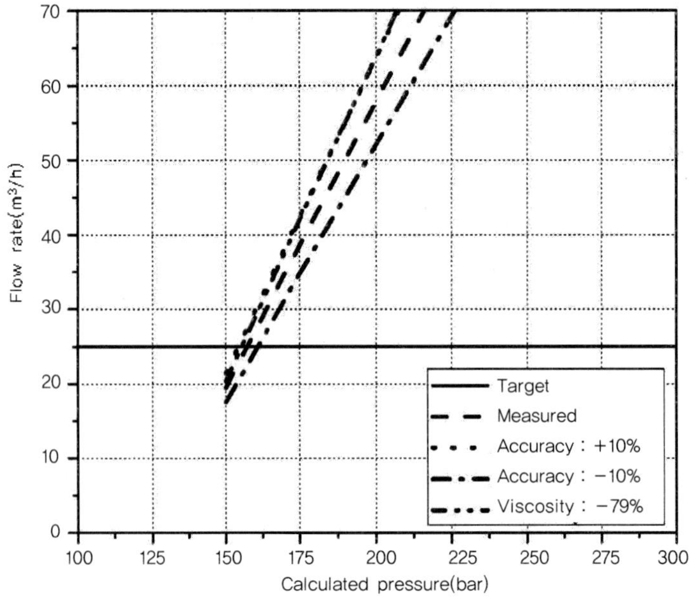

그림 5.25 C8-ZSF1-20 배합의 압송압력 예측 결과(배관 직경 152mm)

(5) 배합 선정, 펌프 및 배관 직경 결정

앞에서 수행한 콘크리트 배합별 목표토출량을 만족시키는 압송압력 및 배관직경을 표 5.20에 나타내었다. 플라이 애시를 12.5% 사용한 C8-FA1-12.5 배합은 배관직경 152mm인 경우 압송압력 215bar에서 목표토출량을 만족시키지만 펌프를 거의 최대용량으로 운전해야 하므로 경제성과 안정성을 고려하여 선정에서 제외하였다. 실제 시공에 사용되는 콘크리트 펌프가 효율 80%을 유지한다는 가정 하에 C8-ZSF-10 배합은 250bar 용량의 펌프 및 152mm 배관을 사용하여 목표토출량을 만족시키는 상태로 펌프압송을 진행할 수 있을 것으로 보인다. C8-ZSF-20 배합은 직경 127mm와 152mm 배관 모두 사용 가능하다. 위의 조건을 모두 만족시키는 펌프는 5.3.1절의 표 5.4에서 stationary type 1이다. 각각의 배합에 대해 선택할 수 있는 펌프와 배관직경 정보를 표 5.21에 나타내었다. 배관직경에 대한 경제성을 고려하면 127mm 배관으로 펌핑이 가능한 C8-ZSF-20 배합을 사용하는 것이 적절하지만 지르코니아 실리카퓸 사용에 따른 재료비의 영향도 고려해야 하기 때문에 두 가지 경우에 대한 경제성을 검토하여 배합과 배관직경을 선택하는 것이 바람직하다. 여기서는 예시로 C8-ZSF-10 배관과 배관직경 152mm를 사용하는 것으로 선택하였다.

표 5.20 **배합별 목표 토출량을 만족하는 압송압력-500m 높이 수직배관 펌핑**

Mix	압송압력 (bar)	
	직경 127mm	직경 152mm
C8-FA1-12.5	-	215
C8-ZSF1-10	240	186
C8-ZSF1-20	193	162

표 5.21 **배합별 선택 가능한 펌프 및 배관 직경-500m 높이 수직배관 펌핑**

배합	펌프	배관 직경(mm)	
		127	152
C8-FA1-12.5	Stationary type 1	X	X
C8-ZSF1-10		X	O
C8-ZSF1-20		O	O

(6) 펌프 실린더의 충전율 검토 및 현장 펌프운영 관리기준 제시

앞에서 선정한 콘크리트 배합과 펌프 실린더의 규격을 이용하여 다음의 식 (5.4.1)을 이용해 목표토출량을 만족시키는 펌프의 스트로크 시간을 계산하였다.

$$t_{st} = \frac{3,600}{Q/V_{\pi ston}} \tag{5.4.1}$$

여기서, t_{st}는 스트로크 시간(sec), Q는 목표토출량(m^3/h), V_{piston}은 펌프 실린더의 부피(m^3)이며, 여기서 선택한 펌프의 실린더 직경은 180mm, 길이는 2,100mm이므로 부피는 0.0534m^3이다.

식 (5.4.1)에 의해 계산된 목표토출량 25m^3/h를 만족시키는 스트로크 시간은 7.70초이다. 이는 이론적으로 계산된 충전율 100%인 경우의 스트로크 시간이기 때문에 실제로는 충전율을 고려하여 더 짧은 스트로크 시간으로 펌프를 운영해야 목표토출량을 만족시킬 수 있다.

기존의 연구[72]에서 제안된 충전율 모델인 5.3.2절의 식 (5.3.2)를 이용하여 스트로크 시간이 7.7초일 때의 충전율을 계산하였다. 여기서 선택한 C8-ZSF1-10 배합의 콘크리트 점도 75Pa·s와 항복응력 8Pa, 그리고 스트로크 시간 7.7초를 충전율 모델인 5.3.2절의 식 (5.3.2)에 적용하여 계산된 충전율은 77.5%이다. 따라서 스트로크 시간

7.7초의 77.5%인 5.97초를 현장 펌프운영 관리기준으로 제시할 수 있다.

(7) 콘크리트 점도-T_{500} 관계를 이용한 콘크리트 펌프압송 성능 품질관리 기준 제시

기존의 연구[71]에서 제안된 콘크리트 점도-T_{500} 관계를 이용하여 현장 콘크리트 펌프압송 성능 품질관리 기준을 제시할 수 있다. T_{500}으로부터 콘크리트의 점도를 추정하는 관계식은 5.3.5절의 식 (5.3.4)와 같으며, 여기서는 콘크리트의 점도로부터 T_{500} 기준을 제시해야 하기 때문에 다음의 식 (5.4.2)를 이용한다.

$$T_{500} = \frac{\mu_c - 3.02}{28.2} \tag{5.4.2}$$

여기서, T_{500}은 슬럼프 플로 시험에서의 직경 500mm 도달시간(sec)이다.

앞에서 선택한 C8-ZSF1-10 배합의 점도 75Pa · s를 적용하여 T_{500}을 계산하면 2.55초이다. 실제로 슬럼프 플로 시험에서 T_{500}이 2.5초이면 매우 빠른 정도이다. 콘크리트의 점도-T_{500} 관계의 정확도가 83% 정도인 것을 감안하여 현장에서의 품질관리 기준으로는 3.0초에서 4.0초 사이로 제시해 주는 것이 적절하다고 판단된다.

참고문헌

[1] H. A. Barnes, J. F. Hutton, and K. Walters, An introduction to rheology, Elsevier, 1989, RHEOLOGY SERIES, 3.

[2] B. R. Munson, T. H. Okiishi, W. W. Huebsch, and A. P. Rothmayer, Fluid Mechanics, 7th Edition, John Wiley & Sons, Inc. 2013.

[3] 현재천, "유변학의 이론과 응용", 한국유변학회, 2001.

[4] E. C. Bingham, FLUIDITY AND PLASTICITY, Mcgraw-Hill Book Co, Inc. 1922

[5] R. M. Anandha, "Rheology of Fluid, Semisolid, and Solid Foods: Principles and Applications", Springer Science & Business Media, 2013.

[6] G. Tattersall, P. Banfill, The rheology of fresh concrete, PITMAN BOOKS LIMITED, London, 1983.

[7] Z. Toutou, N. Roussel, "Multi Scale Experimental Study of Concrete Rheology: From Water Scale to Gravel Scale", Materials and Structures, 2007, 39, pp.189~199.

[8] J. Hidalgo, C. T. Chen, and L. J. Struble, "Correlation between Paste and Concrete Flow Behavior", ACI Materials Journal, 2009, 105(3), pp.281~288.

[9] H. Hodne, A. Saasen, A. B. O'Hagan, and S. O, Wick, "Effects of time and shear energy on the rheological behaviour of oilwell cement slurries", Cement and Conrete Research, 2000, 30, pp.1759~1766.

[10] C. Rößler, A. Eberhardt, H. Kučerová, and B. Möser, "Influence of hydration on the fluidity of normal Portland cement pastes", Cement and Concrete Research, 2008, 38, pp.897~906.

[11] P. V. Vlachou, J. M. Piau, "The influence of the shear field on the microstructural and chemical evolution of an oil well cement slurry and its rheometric impact", Cement and Concrete Research, 1997, 27, pp.869~881.

[12] A. Blanco, C. Negro, and J. Tijero, "Flocculation monitoring: focused beam reflectance measurement as a measurement tool", The Canadian Journal of Chemical Engineering, 2002, 80(4), pp.1~7.

[13] E. Kougoulos, A. G. Jones, K. H. Jennings, and M. W. Wood-Kaczmar, "Use of focused beam reflectance measurement (FBRM) and process video imaging (PVI) in a modified mixed suspension mixed product removal (MSMPR) cooling crystallizer", Journal of Crystal Growth, 2005, 273(3), pp.529~534.

[14] R. A. Williams, S. J. Peng, and A. Naylor, "In situ measurement of particle aggregation and breakage kinetics in a concentrated suspension", Powder Technology, 1992, 73(1), pp.75~83.

[15] E. Koehler, D. Fowler, "Development of a Portable rheometer for fresh Portland cement concrete", No. ICAR 105-3F, Austin, TX, 2004.

[16] Iowa State University, "Self-consolidating Concrete-Applications for Slip-form Paving:Phase I(Feasibilit Study)", Final Report 2005, p.53.

[17] S. H. Kwon, C. K. Park, J. H. Jeong, S. D. Jo, and S. H. Lee, "Prediction of Concrete Pumping: Part I. Development of New Tribometer for Analysis of Lubricating Layer", ACI Materials Journal, 2013, 110(6), pp.647~656.

[18] S. H. Kwon, C. K. Park, J. H. Jeong, S. D. Jo, and S. H. Lee, "Prediction of Concrete Pumping:Part II. Analytical Prediction and Experimental Verification", ACI Materials Journal, 2013, 110(6), pp.657~668.

[19] G. H. Tattersal and P. F. G. Banfill, "The Rheology of Fresh Concrete", Pitman, 1983, p.356.

[20] G. Heirman, L. Vandewalle, D. V. Gemert, and O. Wallevik, "Integration approach of the Couette inverse problem of powder type self-compacting concrete in a wide-gap concentric cylinder rheometer", Journal of Non-Newtonian Fluid Mechanics, 2008, 150(2-3), pp.93~103.

[21] O. H. Wallevik, J. E. Wallevik, "Rheology as a tool in concrete science: The use of rheographs and workabiliy boxes", Cement and Concrete Research, 2011, 41(12), pp.1279~1288.

[22] http://www.fhwa.dot.gov/publications/publicroads/08nov/06.cfm

[23] 권승희, 장경필, 고경택, 류금성, 강수태, "Mini Slump Cone 실험을 이용한 시멘트계 재료의 유동특성 측정방법", 한국콘크리트학회 2013년도 봄 학술대회 논문집, 2013, 25(1), pp.181~182.

[24] M. S. Choi, J. S. Lee, K. S. Ryu, K. T. Koh, and S. H. Kwon, "Estimation of rheological properties of UHPC using mini slump test", Construction and Building Materials, Vol. 106, 2013, pp.632~639.

[25] A. Gram, B. Lagerlad, "Obtaining rheological parameters from slump flow test for self-compacting concrete", 2013, International Conference on Sustainable Construction Materials & Technologies, SCMT3, Tokyo, Japan.

[26] D. Kaplan, F. d. Larrard, T. Sedran, "Design of Concrete Pumping Circuit", ACI Materials Journal, 2005, 102(2), pp.110~117.

[27] S. Jacobsen, L. Haugan, T. A. Hammer, and E. Kalogiannidis, "Flow Conditions of Fresh Mortar and Concrete in Different Pipes", Cement and Concrete Research, 2009, 399, pp.997~1006.

[28] N. Roussel, "A Thixotropy Model for Fresh Fluid Concretes: Theory, Validation and Applications", Cement and Concrete Rearch, 2006, 36, pp.1797~1806.

[29] M. S. Choi, N. Roussel, Y. J. Kim, and J. K. Kim, "Lubrication Layer Properties During Concrete Pumping", Cement and Concrete Research, 2013, 45, pp.69~78.

[30] R. Browne, P. Bamforth, "Tests to Establish Concrete Pumpability", Proceeding of ACI journal, 1977, 74(5), pp.193~203.

[31] M. S. Choi, "Prediction of concrete pumping performance base on the evaluation of lubrication layer properties", Ph.D Thesis in KAIST, 2013.

[32] S. D. Jo, C. K. Park, J. H. Jung, S. H. Lee, and S. H. Kwon, "A Computational Approach to Estimating a Lubricating Layer in Concrete Pumping", Coumputers, Materials and Continua, 2011, 27(3), pp.189~210.

[33] SINTEF, Pumping of Concrete and Mortar-state of the Art, COIN Project Report 5, 2008.

[34] ACI 347-04, Guide to Formwork for Concrete, American Concrete Institute, Farmington Hills, MI, 2004, p.32.

[35] Hurd, M. K. (2002), Putting the pressure on formwork, Concrete International, Oct. 2002, pp.49~55.

[36] DIN 18218:2010-01, Frischbetondruck auf lotrechte Schalungen, (Pressure of Fresh Concrete on Vertical Formwork), Entwurf, Germany, 2010.

[37] C. A. Graubner, E. Boska, C. Motzko, T. Proske, and F. Dehn., "Formwork pressure induced by highly flowable concretes-design approach and transfer into practice", Structural Concrete, 2012, 13(3), pp.51~60, DOI : 10.1002/suco.201100012.

[38] K. H. Khayat, A. F. Omran, "Field monitoring of SCC formwork pressure and validation of prediction models", Concrete International, 2011, 33(6), pp.33~39.

[39] A. Perrot, S. Amziane, G. Ovarlez, and N. Roussel, "SCC formwork pressure: Influence of steel rebars", Cement and Concrete Research, 2009, 39(6), pp.524~528.

[40] D. A. Lange, Y. S. Liu, B. Birch, J. Henchen, F. Tejeda-Dominguez, and L. Struble, "Modeling formwork pressure of SCC", Proceedings of the 3rd North American Conference on the Design and Use of Self-Consolidating Concrete, Ed. S. P. Shah, Chicago, USA, 2008, pp.295~300.

[41] N. J. Gardner, L. Keller, R. Quattrociocchi, and G. Charitou, "Field investigation of formwork pressures using self-consolidating concrete", Concrete International, 34(1), January 2012, pp.41~47.

[42] M. Beitzel, "Modeling fresh concrete pressure of normal and self-compacting concrete", Proceedings of SCC2010, the 6th International RILEM Symposium on SCC and the 4th North American Conference on the Design and Use of Self-Consolidating Concrete, Ed. K.H. Khayat and D. Feys, Montreal, Quebec, Canada, 2010, pp.243~254.

[43] S. H. Kwon, S. P. Shah, Q. T. Pjung, J. H. Kim, and Y. Lee, "Intrinsic model to predict formwork pressure", ACI Materials Journal, 2010, 107(1), pp.20~30.

[44] J. H. Kim, M. Beacraft, and S. P. Shah, "Effect of mineral admixtures on formwork pressure of self-consolidating concrete", Cement and Concrete Composites, 2010, 32(9), pp.665~671.

[45] J. H. Kim, M. W. Beacraft, S. H. Kwon, and S. P. Shah, "Simple analytical model for formwork design of self-consolidating concrete", ACI Materials Journal, 2011, 108(1), pp.38~45.

[46] J. H. Kim, N. Noemi, and S. P. Shah, "Effect of powder materials on the rehology and formwork pressure of self-consolidating concrete", Cement and Concrete Composites, 2012, 34(6), pp.746~753.

[47] 한천구, 황인성, 콘크리트의 블리딩에 따른 문제점과 대책, 한국콘크리트학회 2002년도 가을 학술발표회 연구위원회 발표집. 129-143.

[48] L. Bertolini, M. Carsana, "High pH corrosion of prestressing steel in segregated grout", Modelling of Corroding Concrete Structures, 2011, RILEM Bookseries 5, pp.147~158.

[49] ASTM C 940 Standard Test Method for Expansion and Bleeding of Freshly Mixed Grouts for Preplaced

[50] KS F 2414 콘크리트의 블리딩 시험방법

[51] KS F 2433 주입 모르타르의 블리딩률 및 팽창률 시험 방법

[52] KS F 4044 수경성 시멘트 무수축 그라우트

[53] JHS 420, PCグラウトのブリーディング率及び 積 化率試 方法(鉛直管方法), コンクリー/ト標準示方書(規準編), 2004.

[54] 이준기, 최준호, 윤정섭, 조인성(2010), "PC 그라우트의 재료분리 및 PC 빔 그라우팅 충전성에 관한 연구", 한국콘크리트학회 논문집 제22권 제3호, pp.419~426.

[55] H. J. Yim, J. H. Kim, H. G. Kwak, and J. K. Kim, "Evaluation of internal bleeding in concrete using a self-weight bleeding test", Cement and Concrete Research, 2013, 53, pp.18~24.

[56] 곽효경, 하수준, '레이저 거리측정 실험을 통한 모르타르의 소성침하량 산정', 대한토목학회 논문집, Vol. 28, No. 4A, 2008, pp.549~564.

[57] 곽효경, 하수준, '콘크리트 슬래브의 소성수축균열 해석모델', 대한토목학회 논문집, Vol. 24, No. 5A, 2004, pp.999~1009.

[58] ACI Committee 544, Report on fiber reinforced concrete, 544.1R-96, American Concrete Institute

[59] N. Ozyurt, L. Y. Woo, T. O. Mason and S. P. Shah, Monitoring fiber dispersion in fiber-reinforced cementitious materials: comparison of saAC-impedance spectroscopy and image analysis, ACI Materials Journal, Vol. 103, No. 5, 2006, pp.340~347.

[60] L. Ferrara, N. Ozyurt, and M. di Prisco, "High mechanical performance of fibre reinforced cementitious composites : the role of 'casting-flow induced' fiber orientation", Materials and Structures, 2011, 44, pp.109~128.

[61] E. H. Yang, M. Sahmaran, Y. Yang, and V. C. Li, "Rheological Control in the Production of Engineered Cementitious Composites", ACI Materials Journal, 2009, 106(4), pp.357~366.

[62] M. Li, V. C. Li, "Rheology, fiber dispersion, and robust properties of Engineered Cementitious Composites", Materials and Structures, 2012, 46(3), pp.405~420.

[63] 조선두, 권승희, 고경택, 류금성, UHPC의 섬유분산 안정성에 대한 해석적 평가 기법, 한국콘크리트학회 2011년 가을 학술대회 논문집, 2011, 23(2), pp.139~140.

[64] S. H. Kwon, S. T. Kang, B. Y. Lee, and J. K. Kim, "The variation of flow-dependent tensile behavior in radial flow dominant placing of Ultra High Performance Fiber Reinforced Cementitious Composites (UHPFRCC)", Construction and Building Materials, 2012, 23, pp.109~121.

[65] M. N. Roussel, "Simple tools for fiber orientation prediction in industrial practice", Cement and Concrete Research, 2011, 41, pp.993~1000.

[66] 한국건설기술연구원, 하이브리드 사장교용 초고성능 콘크리트 인성 향상 개발, 한국건설기술연구원 연구보고서, 2012.

[67] 콘크리트 표준시방서, 한국콘크리트학회, 2009.

[68] コンクリートポンプ施工指針・同解說, 日本建築學會, 2009.

[69] ACI Committee 304. 2R-96, "Placing Concrete by Pumping Methods", 1996, American Concrete Institute.

[70] 김상헌, "콘크리트 펌프 압송에 따른 관내압력에 관한 실험적 연구", 건국대학교 대학원, 박사학위논문, 2008.

[71] 장경필, "정량적 예측 기반 콘크리트 펌프압송 성능 설계", 명지대학교 대학원, 박사학위논문, 2018.

[72] C. K. Park, K. P. Jang, J. H. Jeong, and S. H. Kwon, "Suggestion of a Model for Filling Coefficient of Hydraulic Cylinder in Concrete Pump", Journal of the Korean Recycled Construction Resources Institute, 2016, 4(2), pp.195~202.

[73] J. H. Jeong, K. P. Jang, C. K. Park, S. H. Lee, and S. H. Kwon, "Effect of admixtures on pumpability for high-strength concrete", ACI Materials Journal, 2016, 113(3), pp.323~333.

[74] J. S. Kim, S. H. Kwon, K. P. Jang, and M. S. Choi, "Concrete pumping prediction considering different measurement of the rheological properties", Construction and Building Materials, 2018, 171, pp.493~503.

[75] G. Tattersall, P. Banfill, "The rheology of fresh concrete", PITMAN BOOKS LIMITED, London, 1983.

[76] 김규동, "초고층 건축 시공에서 고성능 콘크리트의 유동특성과 압송성능에 관한 연구", 청주대학교 대학원, 박사학위논문, 2015.

[77] E. P. Koehler, and D. W. Fowler, "Development of a Portable Rheometer for Fresh Portland Cement Concrete", ICAR Report 105-3F, International Center for Aggregate Research, 2004.

KCI-205 고성능콘크리트위원회

위원장	박찬규	삼성물산(주)건설부문
간사	이방연	전남대학교
위원	강용학	한국건설생활환경시험연구소
	권승희	명지대학교
	길배수	㈜트라이포드
	김기철	㈜무영씨엠건축사사무소
	김남욱	전남도립대학교
	김상헌	한국건설기술연구원
	김순철	㈜세안
	김승원	강원대학교
	김영진	한국콘크리트학회
	김용직	㈜대우건설기술연구원
	김재홍	한국과학기술원
	김준형	현대건설(주)
	김철호	㈜에이스이엔씨
	김형기	조선대학교
	노홍래	쌍용레미콘(주)
	류두열	한양대학교
	박세경	㈜세림세라폰
	박승호	㈜지에프시알엔디
	박영식	아이에스동서
	송용규	동부건설(주)
	양인환	군산대학교
	왕소용	강원대학교
	윤인석	인덕대학교
	윤자걸	대림산업(주)
	이건철	한국교통대학교
	이용무	한일시멘트(주)여주공장
	이주하	수원대학교
	이회근	삼성물산(주)건설부문
	장정국	인천대학교
	정용욱	계명대학교
	조형규	한국세라믹기술원
	주영길	㈜실크로드시앤티 상무
	최명성	동국대학교
	최지선	현대건설(주) 연구개발본부
	표석훈	울산과학기술원
	한동엽	경상대학교

콘크리트 실무매뉴얼

굳지 않은 콘크리트의 레올로지 특성 및 적용

2020년 12월 20일 1판 1쇄 인쇄
2020년 12월 25일 1판 1쇄 발행

관리주체 사단법인 한국콘크리트학회
서울특별시 강남구 테헤란로7길 22
한국과학기술회관 신관 1009호
TEL. 02)568-5984~7
FAX. 02)568-1918

출판보급처 기문당
서울시 성동구 무학봉28길 4-1
TEL. 02)2295-6171(代)~5
FAX. 02)2296-8188

출판등록 1976. 10. 7 (1-44)

홈페이지 http : // www.kimoondang.com

I S B N 978-89-6225-875-2 93530